数值计算方法与 Matlab 程序设计

鲁祖亮　曹龙舟　李　林 ◎ 编著

西南交通大学出版社
·成　都·

内容简介

本书主要阐述数值计算方法的基本理论、常用数值方法和相应的 Matlab 程序设计。内容包括：数值计算方法的基本过程，误差基本概念和分类，数值算法的原则，代数插值法，Lagrange 插值法，Newton 插值法，Hermite 插值法，插值型积分公式，复化求积公式，Gauss 求积公式，Gauss 消去法，LU 分解方法，QR 分解方法，Cholesky 分解，三对角方程组的追赶法，Jacobi 迭代法，Gauss-Seidel 迭代法，简单迭代法，Newton 迭代法，Euler 方法，龙格-库塔方法，最佳一致逼近和最佳平方逼近等。

本书内容浅显易懂，并配有大量的 Matlab 程序和数值实验，这些实例都是学习数值计算方法必须掌握的基本技能。

图书在版编目（CIP）数据

数值计算方法与 Matlab 程序设计 / 鲁祖亮，曹龙舟，李林编著. —成都：西南交通大学出版社，2017.11（2019.7 重印）
ISBN 978-7-5643-5790-0

Ⅰ. ①数… Ⅱ. ①鲁… ②曹… ③李… Ⅲ. ①数值计算－计算方法－高等学校－教材②Matlab 软件－程序设计－高等学校－教材 Ⅳ. ①O241②TP317

中国版本图书馆 CIP 数据核字（2017）第 232933 号

数值计算方法与 Matlab 程序设计

鲁祖亮　曹龙舟　李 林 / 编　著

责任编辑 / 穆　丰
特邀编辑 / 蒋　蓉
封面设计 / 何东琳设计工作室

西南交通大学出版社出版发行
（四川省成都市二环路北一段 111 号西南交通大学创新大厦 21 楼　610031）
发行部电话：028-87600564　028-87600533
网址：http://www.xnjdcbs.com
印刷：四川森林印务有限责任公司

成品尺寸　185 mm × 260 mm
印张　9.75　字数　244 千
版次　2017 年 11 月第 1 版　印次　2019 年 7 月第 2 次

书号　ISBN 978-7-5643-5790-0
定价　19.50 元

课件咨询电话：028-87600533
图书如有印装质量问题　本社负责退换

前言 _ PREFACE

随着计算机科学和计算方法的飞速发展，几乎所有学科都走向定量化和精确化，从而产生了一系列计算性的学科分支，如计算数学、计算物理、计算化学、计算生物学、计算地质学、计算气象学和计算材料学等。计算数学中的数值计算方法则是解决计算问题的桥梁和工具。

我们知道，计算能力是计算工具和计算效率的乘积，因此提高计算效率与提高计算机硬件的效率同样重要。科学计算已运用于科学技术和社会生活的各个领域，因此学好数值计算方法这门课就显得十分重要。目前大部分地方本科院校正在积极向应用技术型大学转型，为了适应转型的需要，我们有必要在数值计算方法教材和授课方面作较大改变，由原来的重视理论、少做实验转化为简化理论、多做试验，让学生的实际动手能力和操作能力得到更进一步提高，做到真正意义上的学以致用，从而增强学生的综合素质，为高等学校成功转型奠定一个良好的基础。

本书从数值计算方法的基本理论出发，重点介绍了几种常用数值计算方法：插值法、数值积分公式、矩阵的三角分解、线性方程组的迭代法、非线性方程的 Newton 迭代法、常微分方程的数值计算方法和最佳逼近多项式。书中含有丰富的例题、习题，对于一些重要的数值方法，给出了相应的 Matlab 程序，并且增加了动手提高内容，便于教师教学和学生动手实践。在每一章最后还添加了数学家传记，扩展了学生的知识面，增加了本书的趣味性。

本书内容丰富，理论严谨，既体现了数学课程的抽象性，又有实用性和容易操作等特点，是一本将数值计算方法与 Matlab 程序设计相结合并充分体现实用性的数学教材，可作为信息与计算科学、数学与应用数学专业本科生以及计算机、电子信息、土木工程、通信工程专业等工科类本科生及研究生教材，也可供从事数值计算研究的相关工作人员参考使用。

本书参考了国内外出版的一些教材、专著，部分参见书中的参考文献，在此向著作的作者表示最诚挚的感谢。由于编者水平和精力有限，难免存在不足之处，恳请同行专家批评指正。

编 者

2017 年

目录 _ CONTENTS

第 1 章 误差分析 …… 1

1.1 数值计算方法基本过程 …… 1
1.2 误差分类 …… 2
1.3 误差基本概念 …… 3
1.4 算法设计基本原则 …… 5
1.5 习题 1 …… 7
1.6 Matlab 程序设计（一） …… 8
1.7 大数学家——冯康 …… 27

第 2 章 插值方法 …… 29

2.1 代数插值法及其唯一性 …… 29
2.2 Lagrange 插值法 …… 30
2.3 Newton 插值法 …… 31
2.4 Hermite 插值法 …… 37
2.5 习题 2 …… 39
2.6 Matlab 程序设计（二） …… 40
2.7 大数学家——拉格朗日（Lagrange） …… 44

第 3 章 数值积分 …… 46

3.1 插值型积分公式 …… 46
3.2 Newton-Cotes 求积公式 …… 48
3.3 复化求积公式 …… 52
3.4 Gauss 求积公式 …… 54
3.5 习题 3 …… 57
3.6 Matlab 程序设计（三） …… 58
3.7 大数学家——高斯（Guass） …… 59

第 4 章 矩阵的三角分解法 …… 61

4.1 Cramer 法则 …… 61
4.2 Gauss 消去法 …… 63
4.3 ***LU*** 分解方法 …… 67
4.4 Cholesky 分解方法 …… 71
4.5 三对角方程组的追赶法 …… 72

4.6 习题 4 ……74
4.7 Matlab 程序设计（四）……75
4.8 大数学家——勒让德（Legendre）……78

第 5 章 线性方程组的迭代法……80

5.1 向量范数与矩阵范数……80
5.2 简单迭代法……83
5.3 Jacobi 迭代法……87
5.4 Gauss-Seidel 迭代法……88
5.5 迭代法的收敛性……89
5.6 习题 5……94
5.7 Matlab 程序设计（五）……95
5.8 大数学家——雅克比（Jacobi）……98

第 6 章 非线性方程的数值求解……101

6.1 二分法……101
6.2 简单迭代法……102
6.3 Newton 迭代法……104
6.4 近似 Newton 迭代法……106
6.5 习题 6……109
6.6 Matlab 程序设计（六）……109
6.7 大数学家——牛顿（Newton）……113

第 7 章 微分方程的数值求解……116

7.1 Euler 方法……116
7.2 Runge-Kutta 方法……121
7.3 习题 7……129
7.4 Matlab 程序设计（七）……130
7.5 大数学家——欧拉（Euler）……138

第 8 章 最佳逼近……140

8.1 最佳一致逼近……140
8.2 最佳平方逼近……142
8.3 习题 8……145
8.4 Matlab 程序设计（八）……145
8.5 大数学家——华罗庚……148

参考文献……150

第 1 章　误差分析

本章主要介绍数值计算方法的基本过程、误差的基本概念及分类，并阐述算法设计的基本原则。

1.1　数值计算方法基本过程

数值计算方法是一门内涵丰富、思想和方法深刻、实用性非常强的数学类课程，主要研究使用计算机求解各种数学问题的数值方法，并对求得的解的精度进行评估，其研究对象主要是从科学与工程问题中简化抽象出来的数学问题。解决实际问题的步骤为：首先建立数学模型，然后选择适当的数值方法、编写相应的程序，最后利用计算机计算数值结果。

数值计算方法是一种研究并求解数学问题数值近似解的方法，也是在计算机上能够实现的求解数学问题的方法。在科学研究和工程技术中都要用到各种数值计算方法。例如，在石油开采、航天航空、地质勘探、汽车制造、桥梁设计和天气预报中都有数值计算方法的踪影。随着经济和社会的飞速发展，产生了一系列计算类的分支学科，各种数值计算方法已然成为解决实际问题的桥梁。

数值计算方法既有数学类课程的抽象性和严谨性，又有实用性和实验性的特点，因此数值计算方法是一门理论性和实践性都很强的学科。20 世纪 70 年代，大多数高等院校一般只在数学系开设数值计算方法这门课程，随着计算机技术的迅速发展，数值计算方法课程已经成为大部分理工科大学生的必修课程。

为何数值计算方法的应用如此之广？主要是由于在现实生活和科学计算中存在大量的问题不能从理论上进行求解。例如，

（1）不能理论求解的积分：

$$\int \sin x^2 \mathrm{d}x,\quad \int \frac{1}{\ln x}\mathrm{d}x,\quad \int \sqrt{1+x^3}\mathrm{d}x,\quad \int \mathrm{e}^{-x^2}\mathrm{d}x$$

（2）不能求解析解的方程：

$$(x-2)^{102}=0,\quad x^2+\sin x=1,\quad x^x+2^x=2$$

（3）很难求解的微分方程：

$$y''=x+y^2,\quad y'''+\sin(y')=1,\quad xy+y'+y''=x$$

数值计算方法的研究对象主要是微积分、线性代数、常微分方程中的数学问题。内容包

括：插值和拟合、数值微分和数值积分、求解线性方程组的直接法和迭代法、常微分方程数值解和最佳逼近等问题。

数值计算方法的关键过程如下：

实际应用问题→获取数据→建立数学模型→选择最优的数值计算方法→编写程序→计算数值结果→模型检验。

现实生活和科学计算过程中，由于研究的问题一般是比较复杂的、参数众多的、计算相对困难的，因此，在处理过程中如何选择一个相对最优的数值计算方法，就显得尤为关键。

1.2 误差分类

1.2.1 观测误差

研究实际问题过程中首先要对各个参数进行测量，测量过程中不可避免地会产生误差，这种误差称为观测误差。观测误差一般是不能避免的，只能尽量减小。例如，测量一段 1000 米的距离，观测过程中如果有 10 米的误差就比较大了，但是如果误差为 1 米，就是允许的，如果误差达到 0.1 米就更好了。

1.2.2 模型误差

研究实际问题时往往只考虑主要参数，利用主要参数建立数学模型，这种数学模型与现实问题之间会产生一定的误差，这种误差称为模型误差。模型误差也不能避免，但是可以不断修正数学模型，以获得最优的近似模型。

1.2.3 截断误差

在将无限问题有限化和连续问题离散化过程中，截取无限问题或连续问题的主体部分或有限项作为近似值时所产生的误差，这种误差称为截断误差。例如，

（1）求圆面积的三角形近似法，如图 1-1 所示。

（2）函数的近似计算：

$$\frac{1}{1-x} \approx 1+x+x^2+x^3$$

$$\sin x \approx x-\frac{x^3}{3!}+\frac{x^5}{5!}-\frac{x^7}{7!}$$

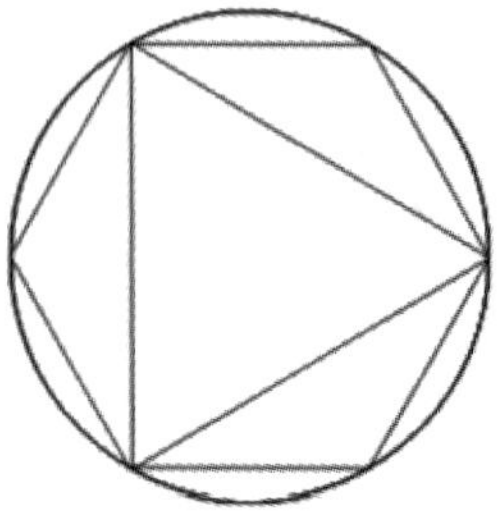

图 1.1 圆面积的三角形近似法

1.2.4 舍入误差

在日常生活和十进制运算中，四舍五入是我们最习惯和接受的近似方法，但是由于数值计算过程中每一步都要进行四舍五入，就会带来一定的数值误差，这种误差称为舍入误差。例如，

$$\pi \approx 3.141\ 592\ 7,\quad e \approx 2.718\ 281\ 8,\quad \frac{22}{7} \approx 3.142\ 857\ 1$$

1.3 误差基本概念

1.3.1 绝对误差与相对误差

1. 绝对误差

定义 1.3.1 准确值 x 与其近似值 x^* 的差称为近似值 x^* 的绝对误差，用 $e(x^*)$ 表示，即

$$e(x^*) = x - x^* \tag{1-3-1}$$

如果 $|e(x^*)| \leqslant \varepsilon(x^*)$，则称 $\varepsilon(x^*)$ 为近似值 x^* 的绝对误差限。

2. 相对误差

绝对误差能够精确知道准确值和近似值之间的误差，但是很多时候它的实际意义不大。例如，假设测量一段 1 000 km 的距离，绝对误差是 10 m，这个误差在实际应用中是可以接受的，但是如果测量 100 m 的距离，绝对误差还是 10 m，这个近似值显然不可以接受。因此，我们又引入一个更有意义的误差——相对误差。

定义 1.3.2 绝对误差与准确值 x 的比值称为近似值 x^* 的相对误差，用 $e^r(x^*)$ 表示，即

$$e^r(x^*) = \frac{x - x^*}{x} \tag{1-3-2}$$

如果 $|e^r(x^*)| \leqslant \varepsilon^r(x^*)$，则称 $\varepsilon^r(x^*)$ 为近似值 x^* 的相对误差限。由于准确值 x 一般是未知的，为了方便，经常将相对误差表示为

$$e^r(x^*) = \frac{x - x^*}{x^*} \tag{1-3-3}$$

例 1.3.1 在工程测量中获得两个测量数据 $x^* = 120 \pm 0.1$，$y^* = 12\ 000 \pm 0.5$，求 x^* 和 y^* 的相对误差。

解 利用相对误差的定义，有 $e^r(x^*) = \frac{x - x^*}{x}$。于是

$$|e^r(x^*)| = \left|\frac{x - x^*}{x}\right| = \frac{0.1}{120} = \frac{1}{1\ 200} \approx 0.000\ 833$$

$$|e^r(y^*)| = \left|\frac{y - y^*}{y}\right| = \frac{0.5}{12\ 000} = \frac{1}{24\ 000} \approx 0.000\ 041\ 67$$

因此 x^* 和 y^* 的相对误差分别为 0.000 833 和 0.000 041 67。

从这个例子可以看出来，相对误差的结果往往比绝对误差更有说服力。

1.3.2 有效数字与可靠数字

定义 1.3.3 设准确值 x 的近似值可以用科学计数法表示为

$$x^* = \pm 0.x_1x_2x_3\cdots x_n\cdots \times 10^m \tag{1-3-4}$$

这里 m 为整数，所有的 x_i 都是 0 ~ 9 之间的自然数且 $x_1 \neq 0$，如果近似值 x^* 的绝对误差 $|e(x^*)| = |x - x^*| \leqslant \frac{1}{2}\times 10^{m-n}$，则称 x_n 为有效数字，近似值 x^* 为 n 位有效数字。

定义 1.3.4 如果准确值 x 的近似值 x^* 可以表示成式（1-3-4），并且

$$|e(x^*)| = |x - x^*| \leqslant 10^{m-n} \tag{1-3-5}$$

则称 x_n 为可靠数字。

根据上述两个定义，可以建立如下的两个重要关系：

（1）有效数字与相对误差限的关系。

定理 1.3.1 设 x 的近似值 x^* 可以表示成式（1-3-4），

（i）如果近似值 x^* 具有 n 位有效数字，那么相对误差 $e^r(x^*)$ 满足

$$|e^r(x^*)| \leqslant \frac{1}{2x_1}\times 10^{-(n-1)} \tag{1-3-6}$$

（ii）如果相对误差 $e^r(x^*)$ 满足

$$|e^r(x^*)| \leqslant \frac{1}{2(x_1+1)}\times 10^{-(n-1)} \tag{1-3-7}$$

则近似值 x^* 具有 n 位有效数字。

证明 根据式（1-3-4），可得

$$x_1 \times 10^{m-1} \leqslant |x^*| \leqslant (x_1+1)\times 10^{m-1}$$

又因为近似值 x^* 具有 n 位有效数字，有

$$|x - x^*| \leqslant \frac{1}{2}\times 10^{m-n}$$

于是得到

$$|e^r(x^*)| = \frac{|x - x^*|}{|x^*|} \leqslant \frac{\frac{1}{2}\times 10^{m-n}}{x_1 \times 10^{m-1}} = \frac{1}{2x_1}\times 10^{-(n-1)}$$

反之，如果相对误差 $e^r(x^*)$ 满足 $|e^r(x^*)| \leqslant \frac{1}{2(x_1+1)}\times 10^{-(n-1)}$，则

$$|x - x^*| = |e^r(x^*)|\cdot|x^*| \leqslant \frac{1}{2(x_1+1)}\times 10^{-(n-1)} \times (x_1+1)\times 10^{m-1} = \frac{1}{2}\times 10^{m-n}$$

这就说明近似值 x^* 具有 n 位有效数字。

（2）可靠数字与相对误差限的关系。

类似于定理 1.3.1 的证明，我们可以证明如下结果：

定理 1.3.2 设 x 的近似值 x^* 可以表示成式（1-3-4），

（i）如果 x_n 为可靠数字，那么相对误差 $e^r(x^*)$ 满足

$$|e^r(x^*)| \leqslant \frac{1}{x_1} \times 10^{-(n-1)} \tag{1-3-8}$$

（ii）如果相对误差 $e^r(x^*)$ 满足

$$|e^r(x^*)| \leqslant \frac{1}{x_1+1} \times 10^{-(n-1)} \tag{1-3-9}$$

则 x_n 为可靠数字。

1.4 算法设计基本原则

在数值计算过程中，大多数误差都是客观存在，且不可避免的，如何有效控制误差，使误差相对较小，这是我们在设计数值算法之初就应该考虑的。为了有效控制计算误差，大致有这样几个基本原则：

1. 防止除数太小

在数值计算过程中，如果除数太小，可能导致整个比值的绝对误差很大，这是要尽量避免的。例如，

$$\frac{2.457\,2}{0.001} = 2\,457.2$$

如果对分母稍微改变一点，增加 0.0001 后，

$$\frac{2.457\,2}{0.001\,1} = 2\,233.8$$

由此可以看到除数的微小变化对绝对误差产生的巨大影响，所以在实际计算过程中要尽量避免除数太小。

2. 防止大数吃小数

由于计算机都会有位数的限制，如果两个数字的大小区别太大，可能导致有效数字的丢失，最终产生较大的误差。

例 1.4.1 假设计算机具有 16 位浮点数，即计算机能够保留 16 位有效数字，若 $a=10^{17}$，$b=6$，要求计算 $a+\sum_{i=1}^{10^8} b$。

解 如果直接计算，计算机是按照求和的先后顺利来处理，首先计算 $a+b$，

$$a = 1.000\ 000\ 000\ 000\ 000\ 00 \times 10^{17}$$

因为计算机的位数限制，

$$b = 6 = 0.000\ 000\ 000\ 000\ 000\ 06 \times 10^{17} \approx 0.000\ 000\ 000\ 000\ 000\ 0 \times 10^{17}$$

因此

$$a + b = 1.000\ 000\ 000\ 000\ 000\ 00 \times 10^{17}$$

继续加入 b，但是 b 的最末位依然被舍去，所以最终

$$a + \sum_{i=1}^{10^8} b = 1.000\ 000\ 000\ 000\ 000\ 00 \times 10^{17}$$

但是这明显是不对的。

正确的方法是：将 $\sum_{i=1}^{10^8} b$ 作为整体先计算，然后再计算最终的结果。显然

$$\sum_{i=1}^{10^8} b = 0.000\ 000\ 000\ 000\ 000\ 06 \times 10^{17} \times 10^8 = 0.000\ 000\ 006 \times 10^{17}$$

因此

$$a + b = 1.000\ 000\ 006\ 000\ 000\ 00 \times 10^{17}$$

3. 避免相近两数作差

如果计算过程中 $x_1 \approx x_2$，计算 $x_1 - x_2$ 将会使有效数字位数产生巨大的损失，这是在计算中应该尽量避免的。

例 1.4.2 已知 $\sqrt{63} \approx 7.94$，求方程 $x^2 - 16x + 1 = 0$ 两个正根中较小的根，要求至少保留 3 位有效数字。

解 利用一元二次方程的求根公式得到两根分为 $x_1 = 8 - \sqrt{63}$，$x_2 = 8 + \sqrt{63}$，显然要求的是 $x_1 = 8 - \sqrt{63}$。因为 $\sqrt{63} \approx 7.94$，直接代入则 $x_1 = 8 - \sqrt{63} = 0.06$，只有 1 位有效数字。

如果换另一种方式

$$x_1 = 8 - \sqrt{63} = \frac{1}{8 + \sqrt{63}} \approx 0.062\ 7$$

就有 3 位有效数字，满足题目要求。

例 1.4.3 若 $\pi_1 = 3.141\ 593$，$\pi_2 = 3.141\ 592$，分别求 π_1，π_2，$\pi_1 - \pi_2$ 的有效数字的位数。

解 利用有效数字的定义，π_1 的有效数字是 7 位，π_2 的有效数字是 6 位，然而 $\pi_1 - \pi_2 = 0.000\ 001$ 只有 1 位有效数字，由此可看出两个相近的数字作差会极大损失有效数字的位数。

例 1.4.4 求方程 $x^2 - 116x + 1 = 0$ 的较小正根，要求至少有 3 位有效数字。

解 利用求根公式 $x_1 = 58 + \sqrt{3\ 363}$，$x_2 = 58 - \sqrt{3\ 363}$，所以较小的正根为 $x_2 = 58 - \sqrt{3\ 363}$，直接计算达不到精度要求，取 $x_2 = \dfrac{1}{x_1} \approx 8.621\ 3 \times 10^{-3}$，具有 4 位有效数字。

为了应用方便，我们还介绍如下几种其他常采取的转换方法：

$$\sqrt{x}-\sqrt{x-1}=\frac{1}{\sqrt{x}+\sqrt{x-1}}，\ \lg x-\lg y=\lg\frac{x}{y}，\ \frac{1-\cos x}{\sin x}=\frac{\sin x}{1+\cos x}$$

4. 简化运算过程

在计算过程中，计算效率十分关键，如何简化计算过程，提高计算速度，在数值计算中就显得非常重要。

例 1.4.5　合理简化多项式

$$P(x)=a_nx^n+a_{n-1}x^{n-1}+\cdots+a_1x+a_0$$

的运算次数。

解　如果考虑先计算每一项 a_ix^i 再求和，计算每一项需要 i 次乘法，则总共就需要计算 n 次加法和 $1+2+\cdots+n=\dfrac{n(n+1)}{2}$ 次的乘法，显然这样计算比较繁琐，乘法的计算步骤也非常多，需要非常大的计算量。

可以考虑先修改一下计算过程：

$$P(x)=(((a_nx+a_{n-1})x+a_{n-2})x+\cdots+a_1)x+a_0$$

通过这样一个简单的处理，乘法的次数就减少为 n 次，加法也是 n 次，明显比第一种思路的计算量减少了很多。

1.5　习题 1

1. 设 x 的相对误差是 ε，$x>0$，求 $\ln x$ 的绝对误差？
2. 在算法设计过程中，应简化运算步骤，减少___________。
3. 在算法设计过程中，要防止有效数字丢失，应该尽量避免相近两数___________。
4. 设 $x^*=3.246\,73$ 是由四舍五入得到的近似值，则 x^* 有_______有效数字。
5. 设 $\pi=3.141\,592\,6\cdots$，$\pi_1=3.141\,5$，$\pi_2=3.141$，求 π_1，π_2 分别有几位有效数字？
6. 二次方程 $x^2-16x+1=0$，$x_1=8-\sqrt{63}$，$\sqrt{63}\approx 7.937$，求 x_1 的近似值使其具有 4 位有效数字。
7. 为了使计算 $y=4+\dfrac{5}{x}+\dfrac{1}{x^2}-\dfrac{3}{x^3}$ 的乘除法运算次数尽量地少，应将该表达式改写为_____。
8. 求方程 $x^2-322x+1=0$ 的较小正根，要求至少有 3 位有效数字。
9. 已知近似值 $x_1=1.420$，$x_2=0.0142$，$x_3=1.420\times10^{-4}$ 的绝对误差限均为 0.5×10^{-3}，那么它们各有几位有效数字？
10. 已知 $\sqrt{87}\approx 9.327\,4$，求方程 $x^2-56x+1=0$ 的两个根，要求这两个根至少具有 4 位有效数字。

1.6 Matlab 程序设计（一）

1.6.1 基础实验

Matlab 软件是由美国 MathWorks 公司开发的一款商业数学软件，主要用于算法开发、数据可视化、数据分析和数值计算的高级计算机语言和交互式环境，主要包括 Matlab 和 Simulink 两大部分。

Matlab 是由 Matrix 和 Laboratory 两个词组合简化而成，意思是矩阵实验室，主要提供科学计算、可视化及交互式程序设计的计算环境。它将数值计算、矩阵计算、科学数据可视化及非线性动态系统的建模和仿真等诸多强大功能集成在一个易于使用的视窗环境中，为科学研究、工程设计以及必须进行有效数值计算的众多科学领域提供了一种全面的解决方案，并在很大程度上摆脱了传统非交互式程序设计语言的编辑模式，代表了当今国际科学计算软件的先进水平。

Matlab 软件和 Mathematica 软件、Maple 软件并称为三大数学软件。它在数学类科技应用软件中的数值计算方面首屈一指。Matlab 软件可以进行矩阵运算、绘制函数图像、实现算法、创建用户界面、连接其他编程语言的程序等，主要应用于控制设计、工程计算、信号处理与通讯、图像处理、金融建模设计等领域。

Matlab 软件的基本数据单位是矩阵，它的指令表达式与数学、工程中常用的形式十分相似，故用 Matlab 软件来求解相同问题要比用 C，Fortran 等语言简捷得多，并且 Matlab 软件也吸收了 Maple 软件的优点，使 Matlab 软件成为一个强大的数学软件。

Matlab 软件是当前国际上理工科专业最常用数学类计算机软件。学习 Matlab 软件可更深入理解和掌握数学问题数值计算方法的基本思想，提高数值求解应用问题的能力，为今后其他专业课程的学习提供重要支撑。这里我们主要介绍 Matlab 软件的一些常用运算和画图功能，如果读者有兴趣，可以参考一些其他的 Matlab 软件教材来继续学习。

1. 向量、矩阵和数组

1）向量输入

向量的基本形式为 $x = x_0 : step : x_n$，其中 x_0 是初值，x_n 是终值，$step$ 是步长，默认步长是 1，例如，

```
>> a=1:10
a = 1   2   3   4   5   6   7   8   9   10
>> a=1:3:15
a = 1   4   7   10   13
```

2）矩阵输入

矩阵的基本形式 $x = [;]$，同行元素用空格或逗号“,”分隔，行与行之间用分号“;”分隔，例如，

```
>> a=[2 6 7 8;3 2 9 6;1 2 6 0]
a = 2      6      7      8
    3      2      9      6
```

```
    1     2     6     0
>> b=[12,16;24,28;38,91;35,78]
b = 12    16
    24    28
    38    91
    35    78
```

3）数组输入

数组的基本形式和矩阵的基本形式是完全一样的，其建立和存储完全等同于矩阵。只能在同型矩阵之间进行的一些运算称为数组运算。

```
>> a11=[1 23 34;35 67 79;21 45 27]
a11 =   1     23    34
        35    67    79
        21    45    27
>> b11=[23 45 57;12 23 36]
b11 = 23    45    57
      12    23    36
```

2. 向量、矩阵和数组运算

1）向量运算

向量运算包括加（减）、数加（减）、数乘、点积和叉积。

```
>> a1=0:2:10;
>> b1=1:2:11;
>> a=a1+b1                    %向量的加运算
a = 1   5   9   13   17   21
>> b=a1-b1                    %向量的减运算
b = -1   -1   -1   -1   -1   -1
>> c=a1*2                     %向量的数乘运算
c = 0   4   8   12   16   20
>> d=dot(a1,b1)               %向量的点积运算,表示对应分量乘积的和
d = 250
>> e=cross([1 2 3],[3 4 5])   %向量的叉积运算
e = -2   4   -2
```

2）矩阵运算

矩阵运算主要包括加减、乘除（左除、右除）和乘方。

```
>> A=[1 5 7 8;5 8 7 6;3 9 12 0];
>> B=[0 8 3 7;9 2 1 5;7 8 6 3];
>> C=A+B                      %矩阵的加运算
C =   1     13    10    15
```

```
    14    10     8    11
    10    17    18     3
>> D=A-B                          %矩阵的减运算
D =  1    -3     4     1
    -4     6     6     1
    -4     1     6    -3
>> A=[1 5 7 8;5 8 7 6;3 9 12 0];
>> B=[1 3 7;2 1 5;7 6 3;2 3 4];
>> E=A*B                          %矩阵与矩阵相乘
E =    76    74    85
       82    83   120
      105    90   102
>> A=[1 5 7 8;5 8 7 6;3 9 12 0];
>> B=[0 8 3 7;9 2 1 5;7 8 6 3];
>> F=A\B                          %矩阵的左除 A^-1 B
F =   2.0929   -1.3552   -0.5574   -0.1803
         0         0         0         0
      0.0601    1.0055    0.6393    0.2951
     -0.3142    0.2896   -0.1148    0.6393
>> A=[1 5 7 8;5 8 7 6;3 9 12 0];
>> B=[0 8 3 7;9 2 1 5;7 8 6 3];
>> G=A/B                          %矩阵的右除 AB^-1
G =   0.8049    0.0731    0.1442
      0.4352    0.0469    0.6929
     -0.2046   -1.0422    1.8373
>> A=[1 2 3;1 0 1;2 1 0];
>> H=A^2                          %矩阵的乘方运算
H = 9     5    10
    3     3     3
    3     4     7
```

3）数组运算

数组运算主要包括加减、数乘、乘法和乘方。

```
>> a1=[2 3 6 9;0 3 5 4;2 1 0 4];
>> b1=[1 2 7 6;9 2 1 5;7 8 6 3];
>> c1=a1+b1                       %数组的加运算
c1 =  3     5    13    15
      9     5     6     9
      9     9     6     7
```

```
>> d1=a1-b1                    %数组的减运算
d1 = -1     1    -4     3
     -9     1     4    -1
     -5    -7    -6    -1
>> e1=a1.*2                    %数组的数乘
e1 = 4     6    12    18
     0     6    10     8
     4     2     0     8
>> a1=[1 5 7;8 7 6;3 9 1];
>> b1=[2 1 5;7 6 3;2 3 4];
>> f1=a1.*b1                   %数组与数组相乘
f1 =   2     5    35
      56    42    18
       6    27     4
>> g1=a1.^2                    %数组的乘方运算
g1 =  1    25    49
     64    49    36
      9    81     1
```

3. 常用数学函数

Matlab 软件中有许多内置数学函数，例如，指数函数：exp()；开平方函数：sqrt()；正弦函数：sin()；余弦函数：cos()；正切函数：tan()；绝对值函数：abs()；对数函数：log()；反正弦函数：asin()；反余弦函数：acos()；求和函数：sum()。

```
>> a=2*sin(pi/2)
a = 2.0000
>> b=12*asin(tan(exp(1)))
b = -5.6086
>> c=sqrt(cos(pi/16))
c = 0.9903
```

4. 绘制二维图像

绘制二维图像的常用命令是函数 plot()。

例 1.6.1 绘制区间 $0 \leqslant x \leqslant 2\pi$ 内的函数 $y = 2e^{-0.5x} \cdot \sin 2\pi x$ 的图像。

程序：

```
>> x=0:pi/100:2*pi;
>> y=2*exp(-0.5*x).*sin(2*pi*x);
>> plot(x,y)
```

运行结果如图 1.2 所示。

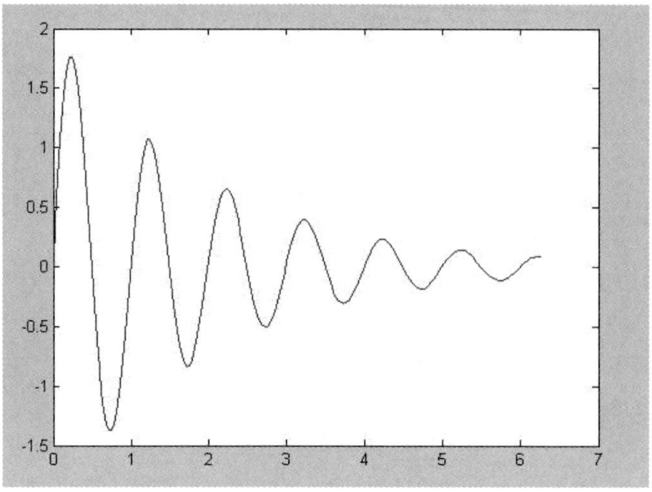

图 1.2

例 1.6.2 用不同标度在同一坐标内绘制曲线 $y_1 = \mathrm{e}^{-0.5x}\sin(2\pi x)$ 及曲线 $y_2 = 1.5\mathrm{e}^{-0.1x}\sin x$ 。

程序：

```
>> x1=0:pi/100:2*pi;
>> x2=0:pi/100:3*pi;
>> y1=exp(-0.5*x1).*sin(2*pi*x1);
>> y2=1.5*exp(-0.1*x2).*sin(x2);
>> plotyy(x1,y1,x2,y2);
```

运行结果如图 1.3 所示。

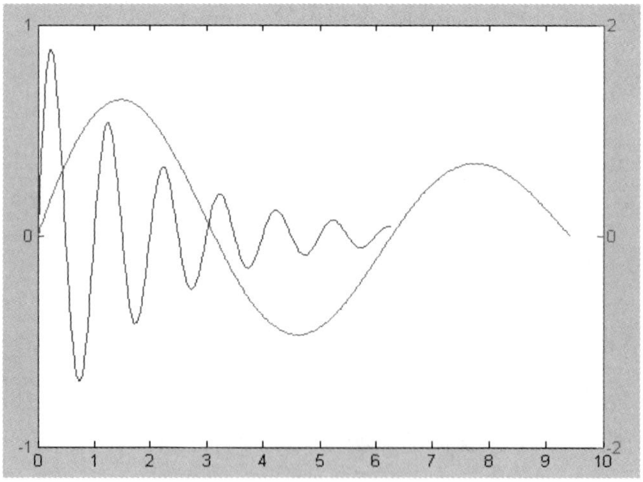

图 1.3

例 1.6.3 画出隐函数 $f(x,y) = x^2\sin(x+y^2) + y^2e^{x+y} = 0$ 的函数图像。

程序：

```
>> ezplot('x.^2.*sin(x+y.^2)+y.^2.*exp(x+y)')
```

运行结果如图 1.4 所示。

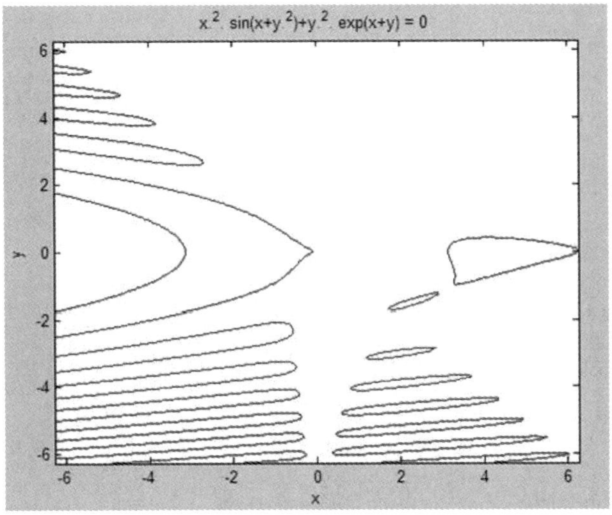

图 1.4

例 1.6.4　画出隐函数 $f(x,y)=4x^2\sin(x+y^2)+9y^2e^{x+y}=0$ 的函数图像。

程序：

```
>> ezplot('4*x.^2*sin(x+y.^2)+9*y.^2*exp(x+y)',[-20 20])
```

运行结果如图 1.5 所示。

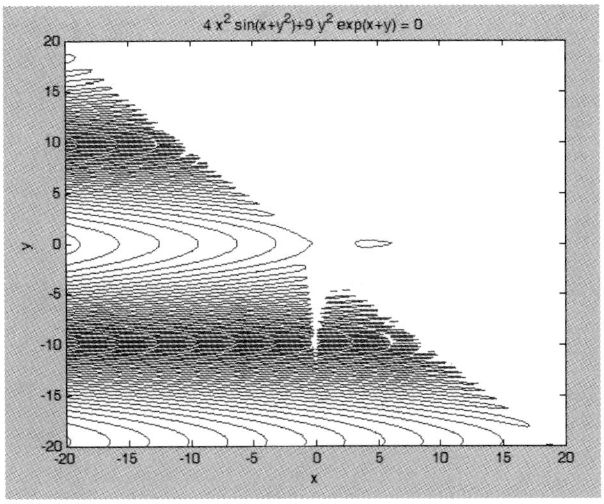

图 1.5

例 1.6.5　在一个图形窗口中以子图形式同时绘制正弦、余弦、正切、余切曲线。

程序：

```
>> x=linspace(0,2*pi,60);
>> y=sin(x);
>> z=cos(x);
>> t=sin(x)./(cos(x)+eps);
>> ct=cos(x)./(sin(x)+eps);
```

```
>> subplot(2,2,1);
>> plot(x,y);
>> title('sin(x)');axis([0,2*pi,-1,1]);
>> subplot(2,2,2);
>> plot(x,z);
>> title('cos(x)');axis([0,2*pi,-1,1]);
>> subplot(2,2,3);
>> plot(x,t);
>> title('tan(x)');axis([0,2*pi,-40,40]);
>> subplot(2,2,4);
>> plot(x,ct);
>> title('cot(x)');axis([0,2*pi,-40,40]);
```

运行结果如图 1.6 所示。

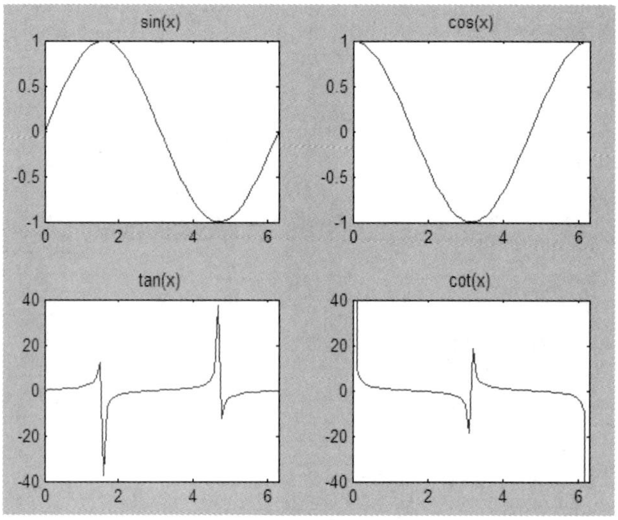

图 1.6

例 1.6.6 在同一直角坐标系内绘制函数 $\sin(3x)$ 和它的导函数在 $0 \leqslant x \leqslant \pi$ 范围内的函数图像。

程序：

```
>> x=linspace(0,3*pi);
>> y1=sin(3*x);
>> y2=3*cos(3*x);
>> plot(x,y1,'r-',x,y2,'b-.');
>> xlabel('x');
>> ylabel('y');
>> legend('f(x)','d/dx f(x)');
```

运行结果如图 1.7 所示。

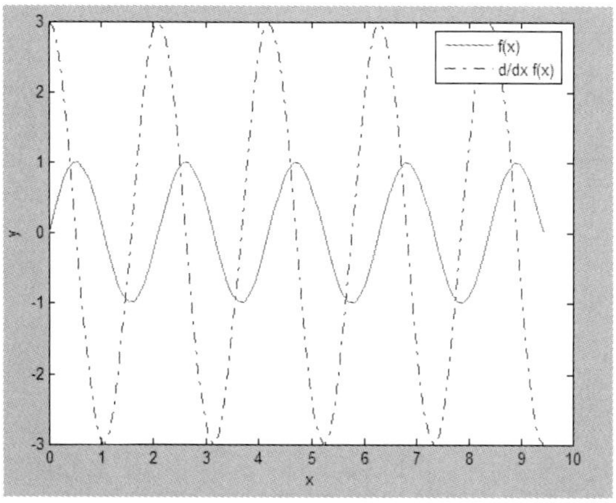

图 1.7

5. 绘制三维图像

绘制三维图像的常用命令是函数 plot3()。

例 1.6.7　绘制空间曲线$\begin{cases} x^2+y^2+z^2=64 \\ y+z=0 \end{cases}$的图像，曲线所对应的参数方程为

$$\begin{cases} x = 8\cos t \\ y = 4\sqrt{2}\sin t, \quad 0 \leqslant t \leqslant 2\pi \\ z = -4\sqrt{2}\sin t \end{cases}$$

程序：

```
>> t=0:pi/30:2*pi;
>> x=8*cos(t);
>> y=4*sqrt(2)*sin(t);
>> z=-4*sqrt(2)*sin(t);
>> plot3(x,y,z,'mp');
>> xlabel('x'),ylabel('y'),zlabel('z');grid;
```

运行结果如图 1.8 所示。

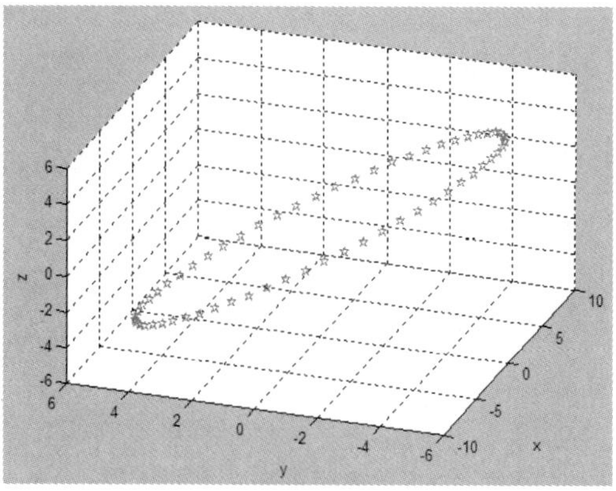

图 1.8

例 1.6.8 绘制三维函数

$$y=3\tan(\sin x)+6\cos x+x^5,\quad z=\sin(\tan(\cos(x))),\quad 0\leqslant x\leqslant 2\pi$$

的图像。

程序：

```
>> x=0:0.001:2*pi;
>> y=3*tan(sin(x))+6*cos(x)+x.^5;
>> z=sin(tan(cos(x)));
>> stem3(x,y,z,'g');hold on;plot3(x,y,z),grid
```

运行结果如图 1.9 所示。

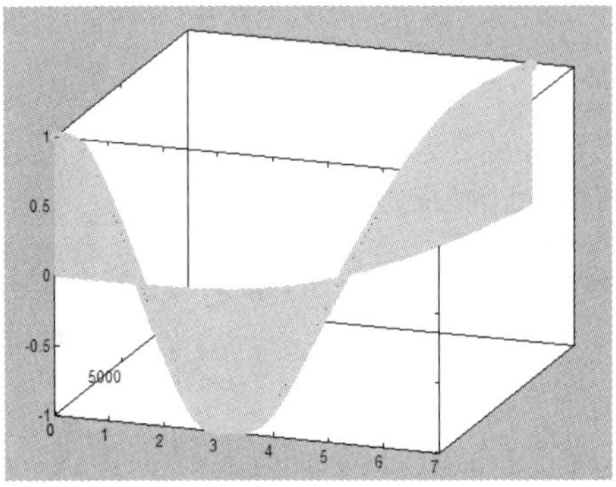

图 1.9

例 1.6.9 绘制函数 $z=\sin y\cos x$ 的图像。

程序：

```
>> x=0:0.1:2*pi;
>> [x,y]=meshgrid(x);
>> z=sin(y).*cos(x);
>> mesh(x,y,z);
>> xlabel('x'),ylabel('y'),zlabel('z');
>> title('mesh')
```

运行结果如图 1.10 所示：

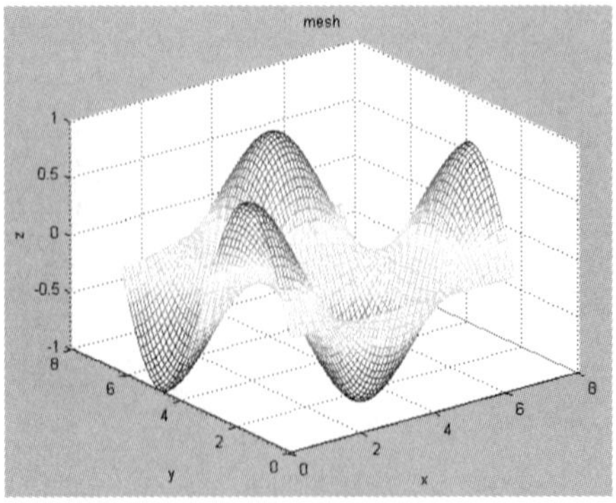

图 1.10

6. 常用编程语句

1）for 语句

for 循环的最大特点是，它的循环判断条件通常是对循环次数的判断，也就是说，在一般情况下，此循环语句的循环次数是预先设定好的。

for 循环语句的一般格式如下：

```
for   v=expression(表达式)
      statements(执行语句)
end
```

因为在 Matlab 中的许多功能都是用矩阵运算来实现的，所以表达式实际上是一个向量，其元素的值被一个接一个地赋到变量 v 中，然后由执行语句执行。

此时 for 循环语句表示如下：

```
E=expression;
[m,n]=size(E);
for j=1:n
    v=E(:,j);
    statements
end
```

如果 expression 仅为矩阵的一行，表示为 m：n 或 m：i：n，则 Matlab 的 for 循环同其他计算机语言的 for 循环或 do 循环一样，只是 Matlab 的 for 循环的全部内容被作为一条语句来接收。例如，

程序：

```
for i=1:m
        for j=1:n
            a(i,j)=1/(i+j-1);
        end
end
```

运行结果:

```
ans=
      1.0000     0.5000     0.3333
      0.5000     0.3333     0.2500
      0.3333     0.2500     0.2000
```

说明：

（1）for 语句一定要有 end 作为结束标志，否则下面的输入都被认为是 for 循环之内的内容。

（2）循环语句中的“;”可防止中间结果的输出。

（3）循环语句书写成锯齿形将增加可读性。

（4）如果 m 或 n 有小于 1 的值，结构上仍然是合法的，但内部并不运行。如果 a 矩阵本身不存在 $m \times n$ 个元素，则缺少的元素会被自动加上去。

假设有向量 t，$t = [-1\ 0\ 1\ 3\ 5]'$，由此可以生成一个 5×5 阶的 Vandermonde（范德蒙）矩阵。

程序：

```
>> n=max(size(t));
for j=1:n
        for i=1:n
            a(i,j)=t(i)^(n-j);
        end
end
```

运行结果:

```
ans=
     1    -1     1    -1     1
     0     0     0     0     0
     1     1     1     1     1
    81    27     9     3     1
   625   125    25     5     1
```

2）while 语句

同 for 循环比起来，while 语句的判断控制可以是一个逻辑判断语句，因此，它的适用范围会更广。

下面是 while 循环语句的格式：

```
while   expression
      statements
end
```

在此循环语句中，只要表达式中的所有元素值都不为零，执行语句将一直执行下去。这里的表达式几乎都是 1×1 的关系表达式，因此非零对应为 ture；当表达式不是标量时，可以用 any 函数或 all 函数产生。

例 1.6.10 用循环求解求最小的 m，使得 $\sum_{i=1}^{m} i > 111\ 999\ 999$。

程序:

```
>> s=0;m=0;
>> while(s<=111999999),m=m+1;s=s+m;end,[s,m]
```

运行结果:

```
ans = 112013028      14967
```

3）if 语句

Matlab 的 if 语句同其他计算机语句中的选择语句相似，可分为如下三个步骤：

（1）判断表达式紧跟在关键字 if 后面，使得它可以首先被计算。

（2）对于判断表达式计算结果，若结果为 0，判断值为假；若结果为 1，判断值为真。

（3）若判断值为真，则执行其后的执行语句；否则跳过，不予执行。

if 语句的一般形式如下：

```
if expression()
```

```
    statements;
else expression()
    statements;
end
```

说明：

（1）else 部分可以是复合语句或其他控制语句。

（2）注意 if 语句嵌套时，if 和 else 必须对应，否则容易出错。

（3）else 子句中嵌套 if 时，就形成了 elseif 结构，可以实现多路选择结构。

例 1.6.11　用循环求解求最小的 m，使得 $\sum_{i=1}^{m} i > 1\,000\,011$。

程序：

```
>> s=0;
for i=1:1000011
      s=s+i; if s>1000011,break; end
end
>> i
```

运行结果:

```
i = 1414
```

例 1.6.12　利用函数的递归调用计算阶乘 $n! = n(n-1)!$，并求出 $(11)!$。

程序：

```
function k=my_fact(n)
if nargin~=1,error('输入变量个数错误,只能有一个输入变量'); end
if nargout>1,error('输出变量个数过多'); end
if abs(n-floor(n))>eps | n<0
    error('n 应该为非负整数');
end
if n>1
    k=n*my_fact(n-1);
elseif any([0 1]==n)
    k=1;
end
>> my_fact(11)
```

运行结果:

```
ans = 39916800
```

7. 简单数值计算功能

例 1.6.13　求方程 $2x^5 - 3x^3 + 71x^2 - 9x + 14 = 0$ 的全部根。

程序：

```
>> p=[2,0,-3,71,-9,14];
```

```
>> x=roots(p)
```

运行结果:

```
x = -3.4925
      1.6872 + 2.6934i
      1.6872 - 2.6934i
      0.0590 + 0.4415i
      0.0590 - 0.4415i
```

例 1.6.14 求解线性方程组

$$\begin{cases} 2x+3y-z=3 \\ 8x+2y+3z=6 \\ 45x+3y+9z=46 \end{cases}$$。

程序：

```
>> a=[2,3,-1;8,2,3;45,3,9];
>> b=[3;6;46];
>> x=inv(a)*b
```

运行结果:

```
x =   1.2930
     -0.2821
     -1.2601
```

例 1.6.15 求积分 $\int_0^1 x\ln(2+x)\mathrm{d}x$。

程序：

```
>> quad('x.*log(2+x)',0,1)
```

运行结果:

```
ans = 0.4884
```

例 1.6.16 求函数 $f(x)=\sin x/(x^2+4x+3)$ 的 2 阶导数。

程序：

```
>> syms x
>> diff(sin(x)/(x.^2+4*x+3),x,2)
```

运行结果:

```
ans = -sin(x)/(x^2+4*x+3)-2*cos(x)/(x^2+4*x+3)^2*(2*x+4)
      +2*sin(x)/(x^2+4*x+3)^3*(2*x+4)^2-2*sin(x)/(x^2+4*x+3)^2
```

例 1.6.17 求多项式 $p(x)=x^3-2x-5$ 在矩阵 $x=\begin{pmatrix} 2 & 4 & 8 \\ -1 & 0 & 3 \\ 7 & 1 & 5 \end{pmatrix}$ 时的值。

程序：

```
>> p=[1 0 -2 -5];
>> x=[2 4 8; -1 0 3; 7 1 5]
```

```
>> y=polyval(p,x)            %数组运算
>> z=polyvalm(p,x)           %矩阵运算
```

运行结果：

```
y =    -1     51    491
       -4     -5     16
      324     -6    110
z =   563    284    820
       90     78    178
      637    274    888
```

例 1.6.18　求矩阵

$$A=\begin{pmatrix}7 & 3 & -2\\ 3 & 4 & -1\\ -2 & -1 & 3\end{pmatrix}$$

的特征值和对应的特征向量。

程序：

```
>>A=[7 3 -2 ;3 4 -1;-2 -1 3];
>>eig(A)
ans = 2.0000
      2.3944
      9.6056
>>[x,y]=eig(A)
```

运行结果:

```
x =  0.5774    -0.0988    -0.8105
    -0.5774     0.6525    -0.4908
     0.5774     0.7513     0.3197
y = 2.0000          0          0
         0     2.3944          0
         0          0     9.6056
```

例 1.6.19　求矩阵

$$A=\begin{pmatrix}0 & 4 & 0\\ 2 & 1 & 2\\ 0 & 4 & 1\end{pmatrix}$$

的 QR 分解。

程序：

```
>> A=[0 4 0;2 1 2;0 4 1];
>> [Q,R]=qr(A)
```

运行结果:

```
Q =
         0    0.7071   -0.7071
   -1.0000         0         0
         0    0.7071    0.7071
R =
   -2.0000   -1.0000   -2.0000
         0    5.6569    0.7071
         0         0    0.7071
```

8. 符号运算功能

在数值计算中，输入、输出及中间过程的变量都是数值变量。而在符号运算过程中，变量都以字符形式保存和运算，即使是数字也被当作字符处理。例如：

```
>> f=sym('sin(x)')
f = sin(x)
>> f=sym('sin(x)^2=0')
f = sin(x)^2 == 0
```

有时符号运算的目的是得到精确的数值解，这样就需要对得到的解析解进行数字转换。在 Matlab 中这种转换主要由 digits 和 vpa 这两个函数实现。

例 1.6.20 求方程 $3x^2-e^x=0$ 的精确解和各种精度的近似解。

程序：

```
>> s=solve('3*x^2-exp(x)=0')
s = -2*lambertw(0,3^(1/2)/6)
    -2*lambertw(0,-3^(1/2)/6)
>> vpa(s)
```

运行结果:

```
ans = -0.45896226753694851459857243243406
       0.91000757248870906065733829575937
>> vpa(s,6)
ans = -0.458962
       0.910008
```

例 1.6.21 设函数为 $f(x)=x-\cos(x)$ 。求此函数在 $x=\pi$ 点的值的各种精度的数值近似形式。

程序：

```
>> x=sym('x');
>> f=x-cos(x)
f = x - cos(x)
>> f1=subs(f,'pi',x)
f1 = pi + 1
>> digits(25)
```

```
>> vpa(f1)
```

运行结果:

```
ans = 4.1415926535897932384626433
>> double(f1)
ans = 4.1416
```

若函数 $z = z(y)$ 的自变量 y 又是 x 的函数 $y = y(x)$，则求 z 对 x 的函数的过程称为复合函数运算。在 Matlab 中，此过程可由功能函数 compose 来实现。

例 1.6.22　复合函数的运算示例。

程序：

```
>> syms x y z t u;
>> f=1/(1+x^2);
>> g=sin(y);
>> h=x^t;
>> p=exp(-y/u);
>> compose(f,g)
```

运行结果:

```
ans = 1/(sin(y)^2+1)
>> compose(f,g,t)
ans = 1/(sin(t)^2+1)
>> compose(h,g,x,z)
ans = sin(z)^t
>> compose(h,g,t,z)
ans = x^sin(z)
>> compose(h,p,x,y,z)
ans = exp(-z/u)^t
>> compose(h,p,t,u,z)
ans = x^exp(-y/z)
```

反函数运算也是符号函数运算比较重要的一部分，在 Matlab 中由函数 finverse 实现。

例 1.6.23　反函数运算示例。

程序：

```
>> syms x y;
>> f=x^2+y;
>> finverse(f,y)
```

运行结果:

```
ans = - x^2+y
>> finverse(f)
ans = (x-y)^(1/2)
```

例 1.6.24 符号矩阵的四则运算示例。

程序：

```
>> a=sym('[1/x,1/(x+1);1/(x+2),1/(x+3)]');
>> b=sym('[x,1;x+2,0]');
```

矩阵减法:

```
>> b-a
```

运行结果:

```
ans = [ x-1/x,1-1/(x+1)]
      [ x-1/(x + 2)+2, -1/(x+3)]
```

矩阵除法:

```
>> a/b
```

运行结果:

```
ans = [ 1/(x+1),(- x^2+x+1)/(x*(x+1)*(x+2))]
      [ 1/(x+3),-(x^2+x-3)/((x+2)^2*(x+3))]
```

矩阵的转置:

```
>> a'
```

运行结果:

```
ans = [ 1/conj(x),1/(conj(x)+2)]
      [ 1/(conj(x)+1),1/(conj(x)+3)]
```

矩阵的行列式运算:

```
>> det(a)
```

运行结果:

```
ans = 2/(x*(x+1)*(x+2)*(x+3))
```

矩阵的逆:

```
>> inv(b)
```

运行结果:

```
ans = [ 0,1/(x+2)]
      [ 1,-x/(x+2)]
```

矩阵的秩:

```
>> rank(a)
```

运行结果:

```
ans = 2
```

矩阵的指数运算:

```
>> exp(b)
```

运行结果:

```
ans = [ exp(x),exp(1)]
```

```
   [ exp(x+2),    1]
```

矩阵的特征值分解:

```
>> [x,y]=eig(b)
```

运行结果:

```
x = [(x/2-(x^2+4*x+8)^(1/2)/2)/(x+2),(x/2+(x^2+4*x+8)^(1/2)/2)/(x+2)]
    [                          1,                              1]
y = [ x/2-(x^2+4*x+8)^(1/2)/2,                    0]
    [                       0, x/2+(x^2+4*x+8)^(1/2)/2]
```

例 1.6.25　求矩阵

$$A=\begin{pmatrix}1 & 1 & 2\\0 & 1 & 3\\0 & 0 & 2\end{pmatrix}$$

的约当标准型。

程序:

```
>> A=sym('[1 1 2;0 1 3;0 0 2]')
A = [ 1， 1， 2]
     [ 0， 1， 3]
     [ 0， 0， 2]
>> [x， y]=jordan(A)
```

运行结果:

```
x = [ 5， -5， -5]
    [ 3，  0， -5]
    [ 1，  0，  0]
y = [ 2， 0， 0]
    [ 0， 1， 1]
    [ 0， 0， 1]
```

例 1.6.26　符号微积分运算示例。

符号极限程序:

```
>> syms x a t h;
>> limit(sin(x)/x)
ans = 1
>> limit((1+2*t/x)^(3*x),x,inf)
ans = exp(6*t)
```

符号积分程序:

```
>> syms x x1 alpha u t;
>> A=[cos(x*t),sin(x*t);-sin(x*t),cos(x*t)];
>> int(A,t)
```

```
ans = [ sin(t*x)/x,-cos(t*x)/x]
      [ cos(t*x)/x,sin(t*x)/x]
>> int(x1*log(1+x1),0,1)
ans = 1/4
```

例 1.6.27 求函数

$$\begin{cases} x^2+y^2=4 \\ x^2-y^2=1 \end{cases}$$

的 Jacobi 矩阵。

程序：

```
>> x=sym(['x']);
>> y=sym(['y']);
>> z=sym(['z']);
>> jacobian([x^2+y^2;x^2-y^2],[x y])
```

运行结果：

```
ans = [ 2*x，2*y]
      [ 2*x，-2*y]
```

例 1.6.28 用 fsolve 函数求解方程

$$\begin{cases} x_1-0.7\sin x_1-0.2\cos x_2=0 \\ x_2-0.7\cos x_1+0.2\sin x_2=0 \end{cases}。$$

程序：

```
function y=fc(x)
y(1)=x(1)-0.7*sin(x(1))-0.2*cos(x(2));
y(2)=x(2)-0.7*cos(x(1))+0.2*sin(x(2));
y=[y(1) y(2)];
```

在 Matlab 命令窗口中输入：

```
>> x0=[0.5 0.5];
>> fsolve('fc',x0)
```

运行结果：

```
ans = 0.5265      0.5079
```

1.6.2 动手提高

实验一 画出 $[-2,2]\times[-3,3]$ 上的二元函数 $z=\sqrt{x^2+y^2}$ 的图像。

实验二 画出 $[-1,1]\times[-1,1]$ 上的二元函数 $z=xe^{-x^2-y^2}$ 的图像。

实验三 用 6 阶多项式对 $[0,2\pi]$ 上的正弦函数进行最小二乘拟合。

1.7　大数学家——冯康

冯康，计算数学家、数学家和应用数学家，浙江绍兴人。1920 年出生于江苏省南京市，1993 年卒于北京。他是中国现代计算数学研究的开拓者，独立创造了有限元法、自然归化和自然边界元方法，开辟了辛几何和辛格式研究新领域，为组建和指导我国计算数学队伍做出了重大贡献，是世界数学史上具有重要地位的科学家之一。1997 年春，菲尔兹奖得主，中国科学院外籍院士丘成桐教授在清华大学所作题为“中国数学发展之我见”的报告中提到，“中国近代数学能够超越西方或与之并驾齐驱的主要原因有三个：一个是陈省身教授在示性类方面的工作，一个是华罗庚教授在多复变函数方面的工作，一个是冯康教授在有限元计算方面的工作”。

在 1957 年以前，冯康主要从事基础数学研究。他最早的工作是辛群的生成子和四维数代数基本定理的拓扑证明。接着他研究殆周期拓扑群理论，这是 1934 年由冯·诺依曼创始的，与酉阵表现密切相连。按照群所有的酉阵表现的多寡分出两种极端类型，极大殆周期群即有“足够多”的酉阵表现；极小殆周期群即没有非平凡酉阵表现。1936 年，韦伊及弗勒登塔尔解决了极大群的表征问题，它们是紧群与欧几里德向量群的直积。1940 年诺依曼及威格纳在极小群方面作出了重要贡献，但其表征问题一直没有得到解决。冯康在 1950 年率先解决了线性李群（及其覆盖群）这一问题，即没有非平凡酉阵表现的充要条件是“本质上”不可交换与非紧。这一成果在后来酉表现论和物理应用中愈显出其重要性。50 年代初，施瓦尔茨提出广义函数系统性理论，引起世人重视。1954 年起，冯康开展这一领域的研究，发表了《广义函数论》长篇综合性论文，其中含有一些自己的新成果，同时也推动了这项理论在我国的发展。他还建立了广义函数中离散型函数与连续型函数之间的对偶定理。根据华罗庚教授的建议，冯康建立了广义梅林变换理论，这一理论对于偏微分方程和解析函数论等均有应用，国外迟至 60 年代才出现类似的工作。

20 世纪 50 年代末 60 年代初，我国的计算数学刚起步不久，在对外隔绝的情况下，冯康带领一个小组的科技人员走出了从实践到理论，再从理论到实践的发展我国计算数学的成功之路。当时的研究解决了大量的有关工程设计应力分析的大型椭圆方程计算问题，积累了丰富而有效的经验。冯康对此加以总结提高，作出了系统的理论成果。1965 年冯康在《应用数学与计算数学》上发表的论文《基于变分原理的差分格式》，是中国独立于西方系统地创立了有限元法的标志。自 60 年代以来，有限元方法对于求解有界区域的椭圆边值问题取得了极大的成功，被广泛应用于工程技术和科学计算中，是计算数学的重大成就。但是有些实际计算问题的计算区域是无界的，用有界区域来近似无界区域时，为达到所需的精度，会使计算量大大增加，边界元方法是解决此问题的一种有效途径。

关于对微分方程作边界归化的思想，早在 19 世纪就已出现，但应用于数值计算却是 20 世纪 60 年代才开始的，这就是边界元方法，即将微分方程归化为边界上的积分方程。由于归化的方法不同，各种边界元方法的数值结果也不尽相同。冯康根据这类问题的物理特性，引用阿达马型超奇异核，提出自然归化的概念，即通过自然归化后，能量不变，从而保持了问题的本质不变。在这个概念下，他提出了自然边界元方法。该方法除所有边界元方法共有的优点外，还具备许多独特之处。由于通过自然归化后能量不变，使原来椭圆型边值问题的性质都保留，从而保证了自然积分方程的解的存在性、唯一性及稳定性，并且也保证了与有限元方法自然而直接地耦合，由此形成一个有限元与边界元兼容并蓄而自然耦合的整体性系统，能够灵活适应于大型复杂问题，便于分解计算。这是当前与并行计算相关而兴起的区域分解方法的先驱工作。作为特例，冯康对亥姆霍兹方程建立了与经典的无穷远处的索墨菲尔德辐射条件相对应的有穷远处的积分型辐射条件，具有理论与应用的价值。冯康倡导的自然边界元方法被国内外专家称为当今国际上边界元方法的三大流派之一，这一方向已由他的学生和其他学者继续发展。

经典力学有 3 种等价的数学形式体系，分别为 Newton 体系，拉格朗日体系以及哈密顿体系。其中哈密顿体系具有的突出的对称形式，一直是物理学理论研究的数学工具。一切守恒的真实物理过程都可以表示为哈氏体系。哈氏体系的数学基础是辛几何。辛几何是现代物理和力学的基础，它与欧氏几何一样起着重要作用。哈密顿体系的一个重要问题是稳定性问题，在几何上的特点是它的解在相空间上是保面积的，其特征方程的根是纯虚数的，所以不能用经典的渐近稳定理论来研究它们。长期以来，国际上对于这一具有重要物理意义的哈密顿方程的计算方法几乎是空白。这种状况与哈氏系的普适性与重要性是很不相称的。冯康于 1984 年在微分几何和微分方程国际会议上发表的论文《差分格式与辛几何》，首次系统地提出哈密顿方程和哈密顿算法（即辛几何算法或辛几何格式），提出从辛几何内部系统构成算法并研究其性质的途径，提出了他对整个问题领域的独特见解，从而开创了哈密顿算法这一富有活力及发展前景的新领域，这是计算物理、计算力学和计算数学的相互结合渗透的前沿领域。

2008 年 12 月 15 日，胡锦涛同志在纪念中国科协成立 50 周年大会上发表讲话时说：“我国广大科技工作者勤于思考、勇于实践，敢于超越、不懈探索，无私奉献、团结协作，在短短十几年间，创造了一个又一个科技奇迹。我们取得了有限元方法、层子模型、人工合成牛胰岛素等具有世界先进水平的科学成果。这些重大科技成果，极大增强了我国综合国力，提高了我国的国际地位。”有限元方法被列为众多科学成果中的第一位，表明了国家对冯康和他的团队所做出的重大贡献给予的充分肯定。

第 2 章　插值方法

在实际工作中，大多数的函数是没有解析表达式的，或者不太容易计算出来，甚至有些函数根本就不存在，但是大家希望求出该函数的一种近似函数，或者表达式，并且这种近似函数和表达式比较简单和容易理解，如多项式或三角函数，这就是插值方法的产生背景。

2.1　代数插值法及其唯一性

本节将主要介绍插值多项式的基本概念、插值方法、插值函数的存在唯一性和插值余项。

2.1.1　插值多项式及其唯一性

定义 2.1.1　设 $y=f(x)$ 在 $[a,b]$ 上有定义，$x_0,x_1,\cdots,x_n$ 是 $[a,b]$ 上 $n+1$ 个互异的点，若 $y=f(x)$ 在互异点 $x_0,x_1,\cdots,x_n$ 处的函数值为 $y_i=f(x_i)$ $(i=0,1,\cdots,n)$，存在多项式 $p(x)$，使得

$$p(x_i)=y_i\text{，}\quad (i=0,1,\cdots,n) \tag{2-1-1}$$

则称 $p(x)$ 为被插函数 $f(x)$ 关于节点 $x_0,x_1,\cdots,x_n$ 的插值多项式，$x_0,x_1,\cdots,x_n$ 为插值节点，式（2-1-1）为插值条件。

注：

（1）上面定义中的 $p(x)$ 也可以称为插值函数。

（2）若 $p(x)$ 是次数不超过 n 次的实系数代数多项式，即 $p(x)=a_0+a_1x+\cdots+a_nx^n$，$a_0,a_1,\cdots,a_n\in R$，称 $p(x)$ 为 n 次插值多项式，相应的方法称为多项式插值法。

定理 2.1.1　设 $x_0,x_1,\cdots,x_n$ 为 $[a,b]$ 上 $n+1$ 个互异节点，对应函数值为 $y_0,y_1,\cdots,y_n$，满足插值条件（2-1-1）且次数不超过 n 次的插值多项式 $p_n(x)$ 存在且唯一。

证明　设

$$p_n(x)=a_0+a_1x+\cdots+a_nx^n$$

是一个次数不超过 n 且满足插值条件（2-1-1）的多项式，则它的 $n+1$ 个待定系数 $a_0,a_1,\cdots,a_n$ 满足下列方程组

$$\begin{cases} a_0+a_1x_0+\cdots+a_{n-1}x_0^{n-1}+a_nx_0^n=y_0 \\ a_0+a_1x_1+\cdots+a_{n-1}x_1^{n-1}+a_nx_1^n=y_1 \\ \qquad\vdots \\ a_0+a_1x_n+\cdots+a_{n-1}x_n^{n-1}+a_nx_n^n=y_n \end{cases} \tag{2-1-2}$$

其中系数矩阵的行列式 V 是一个 Vandemonde 行列式，所以得到 $V=\prod_{0\leqslant i<j\leqslant n}(x_j-x_i)\neq 0$，因此方程组（2-1-2）的解存在且唯一。

2.1.2 插值余项

定义 2.1.2 如果被插函数 $f(x)$ 的插值多项式为 $p_n(x)$，则称

$$R_n(x)=f(x)-p_n(x) \tag{2-1-3}$$

为插值多项式 $p_n(x)$ 的插值余项。

定理 2.1.2 设 $f(x)$ 在区间 $[a,b]$ 上连续，在 (a,b) 中有直到 $n+1$ 阶的导数，$x_0,x_1,\cdots,x_n$ 是区间 $[a,b]$ 上的 $n+1$ 个互不相同的点，$p_n(x)$ 是满足插值条件 $p_n(x_i)=f(x_i)\ (i=0,1,\cdots,n)$ 的插值多项式，则插值余项

$$R_n(x)=\frac{f^{(n+1)}(\xi)}{(n+1)!}\prod_{i=0}^{n}(x-x_i) \tag{2-1-4}$$

其中 $\xi\in(a,b)$ 且与 x 有关。

2.2 Lagrange 插值法

通过待定系数法来构造插值多项式是一种很直接的方法，但求解方程组的计算量很大，不便于实际应用，所以本节将介绍一种直接构造的方法——Lagrange 插值法。

首先，我们先给出用 Lagrange 插值法构造插值多项式的步骤：

（1）构造一组 Lagrange 基函数 $l_i(x)\ (i=0,1,\cdots,n)$

$$l_i(x)=\prod_{\substack{j=0\\ j\neq i}}^{n}\frac{x-x_j}{x_i-x_j}=\frac{(x-x_0)\cdots(x-x_{i-1})(x-x_{i+1})\cdots(x-x_n)}{(x_i-x_0)\cdots(x_i-x_{i-1})(x_i-x_{i+1})\cdots(x_i-x_n)} \tag{2-2-1}$$

n 次多项式 $l_i(x)$ 显然满足：

$$l_i(x_j)=\delta_{ij}=\begin{cases}1, & j=i\\ 0, & j\neq i\end{cases}$$

（2）再构造多项式

$$p_n(x)=L_n(x)=\sum_{i=0}^{n}y_il_i(x)=y_0l_0(x)+y_1l_1(x)+\cdots+y_nl_n(x) \tag{2-2-2}$$

称式（2-2-1）为 Lagrange 插值基函数，式（2-2-2）为 n 次 Lagrange 插值多项式。

我们来讨论特殊情况，当 $n=1$ 时，

$$p_1(x)=y_0\frac{x-x_1}{x_0-x_1}+y_1\frac{x-x_0}{x_1-x_0}$$

是要经过点 (x_0,y_0) 和 (x_1,y_1) 的直线，称为线性插值。

当 $n=2$ 时，

$$p_2(x)=y_0\frac{(x-x_1)(x-x_2)}{(x_0-x_1)(x_0-x_2)}+y_1\frac{(x-x_0)(x-x_2)}{(x_1-x_0)(x_1-x_2)}+y_2\frac{(x-x_0)(x-x_1)}{(x_2-x_0)(x_2-x_1)}$$

是要经过点 (x_0,y_0)，(x_1,y_1) 和 (x_2,y_2) 的抛物线，称为二次插值。

Lagrange 插值多项式具有结构简单、容易编程实现的特点，其余项为

$$R_n(x)=f(x)-p_n(x)=f(x)-L_n(x)=\frac{f^{(n+1)}(\xi)}{(n+1)!}\prod_{i=0}^{n}(x-x_i) \tag{2-2-3}$$

在进行误差估计时，存在着两个难点：一是 $f^{(n+1)}(x)$ 的表达式不易获取，二是 ξ 在 (a,b) 中的具体位置无法确定，因此这一公式对于理论研究的作用很大，但对实际问题中的误差估计作用非常有限。

例 2.2.1　试求二次 Lagrange 插值多项式 $L_2(x)$ 使之满足如表 2-1 所示，用它来计算 $\sqrt{15}$ 的近似值，并估计其绝对误差。

表 2-1

x	9	16	25
y	3	4	5

解　由题易知：被插函数为 $f(x)=\sqrt{x}$，插值区间为 $[9,25]$，利用二次 Lagrange 插值公式：

$$\begin{aligned}L_2(x)&=\frac{(x-16)(x-25)}{(9-16)(9-25)}\times3+\frac{(x-9)(x-25)}{(16-9)(16-25)}\times4+\frac{(x-9)(x-16)}{(25-9)(25-16)}\times5\\&=-\frac{1}{504}x^2+\frac{97}{504}x+\frac{10}{7}\end{aligned}$$

代入计算可得：$L_2(15)=3.869\ 0$。其余项为

$$R_2(x)=\frac{f'''(\xi)}{3!}(x-9)(x-16)(x-25)\quad(9<\xi<25)$$

又因为

$$f'''(x)=\frac{3}{8}x^{-\frac{5}{2}},\quad \frac{3}{8}\times5^{-5}\leqslant f'''(x)\leqslant\frac{3}{8}\times3^{-5}$$

于是有

$$|R_2(15)|\leqslant\frac{3^{-5}}{16}|(15-9)(15-16)(15-25)|=0.015\ 4$$

2.3　Newton 插值法

Lagrange 插值多项式有很多优点，例如：结构对称、构造简单且计算方便，但是继承性

较差。因此，我们需要寻找一种具有较好继承性的方法，最后我们发现 Newton 插值法具有非常好的继承性，下面我们介绍 Newton 插值法。

由高等代数或线性代数课程可知，对于任何一个次数不高于 n 次的多项式，都可以表示为函数，如：

$$1, x-x_0, (x-x_0)(x-x_1), \cdots, (x-x_0)(x-x_1)\cdots(x-x_{n-1})$$

的线性组合，因此可以把满足插值条件 $p(x_i)=y_i(i=0,1,\cdots,n)$ 的 n 次插值多项式，表示如下：

$$a_0+a_1(x-x_0)+a_2(x-x_0)(x-x_1)+\cdots+a_n(x-x_0)(x-x_1)\cdots(x-x_{n-1})$$

其中 $a_i(i=0,1,\cdots,n)$ 为待定系数，我们把上面形式的插值多项式称为 Newton 插值多项式，记为 $p_n(x)$，即

$$p_n(x)=a_0+a_1(x-x_0)+a_2(x-x_0)(x-x_1)+\cdots+a_n(x-x_0)(x-x_1)\cdots(x-x_{n-1}) \qquad (2\text{-}3\text{-}1)$$

注：当节点每增加一个，Newton 插值多项式只需增加一项，克服了 Lagrange 插值多项式继承性较差的缺点。

若 $p_n(x)=a_0+a_1(x-x_0)+a_2(x-x_0)(x-x_1)+\cdots+a_n(x-x_0)(x-x_1)\cdots(x-x_{n-1})$，我们如何通过插值条件 $p_n(x_i)=y_i=f(x_i)$ 确定其待定系数 $a_0,a_1,\cdots,a_n$ 呢？

当 $x=x_0$ 时，$p_n(x_0)=a_0=f(x_0)$

当 $x=x_1$ 时，$p_n(x_1)=a_0+a_1(x-x_0)=f(x_1)$，推出 $a_1=\dfrac{f(x_1)-f(x_0)}{x_1-x_0}$

当 $x=x_2$ 时，$p_n(x_2)=a_0+a_1(x_2-x_0)+a_2(x_2-x_0)(x_2-x_1)=f(x_2)$，推出

$$a_2=\frac{\dfrac{f(x_2)-f(x_0)}{x_2-x_0}-\dfrac{f(x_1)-f(x_0)}{x_1-x_0}}{x_2-x_1}$$

但是要继续求 $a_3,\cdots,a_n$ 就变得非常困难。为了求出 a_i 的一般表达式，就需要引入差商的概念。

2.3.1 差商及其性质

定义 2.3.1 对于函数 $f(x)$ 和插值节点 $x_0,x_1,\cdots,x_n$，用 $f[x_0,x_1,\cdots,x_k]$ 表示 $f(x)$ 关于节点 $x_0,x_1,\cdots,x_n$ 的 k 阶差商 $(k=1,2,\cdots,n)$，可以递推定义为：

$$f[x_0,x_1,\cdots,x_k]=\frac{f[x_1,x_2\cdots,x_k]-f[x_0,x_1,\cdots,x_{k-1}]}{x_k-x_0} \qquad (2\text{-}3\text{-}2)$$

其中 $f(x)$ 关于节点 x_i 的 0 阶差商定义为其函数值，也就是 $f[x_i]=f(x_i)$。

下面我们构造出 $f(x)$ 的各阶差商表如表 2-2 所示。

表 2-2 $f(x)$的各阶差商表

节点	0 阶差商	1 阶差商	2 阶差商	3 阶差商	4 阶差商
x_0	$f[x_0]$				
x_1	$f[x_1]$	$f[x_0,x_1]$			
x_2	$f[x_2]$	$f[x_1,x_2]$	$f[x_0,x_1,x_2]$		
x_3	$f[x_3]$	$f[x_2,x_3]$	$f[x_1,x_2,x_3]$	$f[x_0,x_1,x_2,x_3]$	
x_4	$f[x_4]$	$f[x_3,x_4]$	$f[x_2,x_3,x_4]$	$f[x_1,x_2,x_3,x_4]$	$f[x_0,x_1,x_2,x_3,x_4]$

下面给出几个低阶差商计算过程：

（1）0 阶差商：

$$f[x_0]=f(x_0),\quad f[x_1]=f(x_1),\quad f[x_2]=f(x_2)$$

（2）1 阶差商：

$$f[x_0,x_1]=\frac{f[x_1]-f[x_0]}{x_1-x_0},\quad f[x_1,x_2]=\frac{f[x_2]-f[x_1]}{x_2-x_1}$$

（3）2 阶差商：

$$f[x_0,x_1,x_2]=\frac{f[x_1,x_2]-f[x_0,x_1]}{x_2-x_0},\quad f[x_1,x_2,x_3]=\frac{f[x_2,x_3]-f[x_1,x_2]}{x_3-x_1}$$

高阶差商可以根据定义 2.3.1 推导，请读者自行计算。

由定义 2.3.1，我们可以得出差商的几个性质：

性质 2.3.1 当 $k=0,1,\cdots,n$，得到

$$\begin{aligned}f[x_0,x_1,\cdots,x_k]&=\sum_{i=0}^{k}\frac{f(x_i)}{(x_i-x_0)\cdots(x_i-x_{i-1})(x_i-x_{i+1})\cdots(x_i-x_k)}\\&=\sum_{i=0}^{k}\left(f(x_i)\cdot\prod_{\substack{j=0\\j\neq i}}^{k}\frac{1}{x_i-x_j}\right)\end{aligned}\qquad（2\text{-}3\text{-}3）$$

性质 2.3.2（对称性） 在 k 阶差商中，差商 $f[x_0,x_1,\cdots,x_k]$任意交换两个节点 x_i 和 x_j 的次序，值不变。

例如，

$$f[x_0,x_1]=f[x_1,x_0],$$

$$f[x_0,x_1]=\frac{f(x_1)-f(x_0)}{x_1-x_0}=f[x_1,x_0]=\frac{f(x_0)-f(x_1)}{x_0-x_1}$$

依次证明就能得出上述结论。

例 2.3.1 已知函数 $y=f(x)$ 在插值节点处的函数值如表 2-3 所示。

表 2-3

x_k	2.0	2.1	2.2
y_k	1.414 214	1.449 138	1.483 240

构造该函数的差商表。

解 由函数值可得相应的差商表如表 2-4 所示。

表 2-4

节点	0 阶差商	1 阶差商	2 阶差商
2.0	1.414 214		
2.1	1.449 138	0.349 24	
2.2	1.483 240	0.341 02	−0.041 10

2.3.2 Newton 插值多项式

由差商的定义和性质 2.3.2 可知，当 $x \neq x_i(i=0,1,\cdots,n)$ 时，我们可以将 x 看作一个节点，再由差商递推公式得：

（1）$f[x,x_0]=\dfrac{f(x_0)-f(x)}{x_0-x} \Rightarrow f(x)=f(x_0)+f[x,x_0](x-x_0)$

（2）$f[x,x_0,x_1]=\dfrac{f[x,x_0]-f[x_0,x_1]}{x-x_1} \Rightarrow f[x,x_0]=f[x_0,x_1]+f[x,x_0,x_1](x-x_1)$

（3）$f[x,x_0,x_1,x_2]=\dfrac{f[x,x_0,x_1]-f[x_0,x_1,x_2]}{x-x_2}$

$$\Rightarrow f[x,x_0,x_1]=f[x_0,x_1,x_2]+f[x,x_0,x_1,x_2](x-x_2)$$

$$\vdots$$

$(n+1)$ $f[x,x_0,\cdots,x_n]=\dfrac{f[x,x_0,\cdots,x_{n-1}]-f[x_0,x_1,\cdots,x_n]}{x-x_n}$

$$\Rightarrow f[x,x_0,\cdots,x_{n-1}]=f[x_0,x_1,\cdots,x_n]+f[x,x_0,\cdots,x_n](x-x_n)$$

将上面每个等式依次带到前一式子，可得

$$f(x)=p_n(x)+R_n(x) \tag{2-3-4}$$

其中：

$$\begin{aligned} p_n(x)=&f[x_0]+f[x_0,x_1]\cdot(x-x_0)+f[x_0,x_1,x_2]\cdot(x-x_0)(x-x_1)\\ &+\cdots+f[x_0,x_1,\cdots,x_n]\cdot(x-x_0)(x-x_1)\cdots(x-x_{n-1})\end{aligned}$$

$$R_n(x)=f[x_0,x_1,\cdots,x_n,x]\cdot(x-x_0)(x-x_1)\cdots(x-x_n)$$

易得 $R_n(x_i)=0$，因为 $p_n(x)$ 是次数不超过 n 的多项式，所以由（2-3-4）得到

$$p_n(x_i)=f(x_i)-R_n(x_i)=f(x_i) \tag{2-3-5}$$

所以 $p_n(x)$ 是 $f(x)$ 的插值多项式，我们把它叫做 Newton 插值多项式，$R_n(x)$ 是插值余项。

定理 2.3.1　设 $x_0, x_1, \cdots, x_n$ 是 $n+1$ 个互异节点，$a=\min\limits_{0\leqslant i\leqslant n}\{x_i\}$，$b=\max\limits_{0\leqslant i\leqslant n}\{x_i\}$，$f(x)$ 在 $[a,b]$ 上连续，在 (a,b) 内有 n 阶连续导数，那么

$$f[x_0, x_1, \cdots, x_n]=\frac{f^{(n)}(\xi)}{k!} \quad (a<\xi<b)$$

推论 2.3.1　若 $f(x)$ 是 k 次多项式，则当 $n>k$ 时，$f(x)$ 的 n 阶差商为 0。

推论 2.3.2　若 $f(x)=a_0+a_1x+\cdots+a_nx^n$，$a_n\neq 0$，则

$$f[x_0, x_1, \cdots, x_n]=a_n$$

例 2.3.2　已知函数 $y=f(x)$ 在插值节点处的函数值如表 2-5 所示。

表 2-5

k	0	1	2	3
x_k	−2	0	1	2
y_k	4	6	4	−2

求其 Newton 插值多项式。

解　由题可得差商表如表 2-6 所示。

表 2-6

序号	节点	0 阶差商	1 阶差商	2 阶差商	3 阶差商
0	−2	4			
1	0	6	1		
2	1	4	−2	−1	
3	2	−2	−6	−2	$-\frac{1}{4}$

由此可知

$$f[x_0]=4, \quad f[x_0, x_1]=1$$

$$f[x_0, x_1, x_2]=-1, \quad f[x_0, x_1, x_2, x_3]=-\frac{1}{4}$$

所以，求得的 Newton 插值多项式为

$$p_3(x)=4+(x+2)-x(x+2)-\frac{1}{4}x(x+2)(x-1)$$

例 2.3.3　设 $f(x)=\sqrt{x}$，已知 $f(x)$ 的函数值如表 2-7 所示，试用二次 Newton 插值多项式计算 $f(2.15)$ 的近似值，并讨论其误差。

表 2-7

x	2.0	2.1	2.2
$\sqrt{x}$	1.414 214	1.449 138	1.483 240

解 利用 $f(x)$ 的函数值可得到表 2-8：

表 2-8

x_k	$f(x_k)$	1 阶差商	2 阶差商
2.0	1.414 21		
2.1	1.449 13	0.349 24	
2.2	1.483 24	0.341 02	−0.041 10

利用 Newton 插值公式为

$$p_2(x)=1.414\ 21+0.349\ 24(x-2.0)-0.041\ 10(x-2.0)(x-2.1)$$

当 $x=2.15$ 时得到 $p_2(x)=1.466\ 29$。下面我们来计算其误差

$$f^{(3)}(x)=\frac{3}{8x^2\sqrt{x}}, \quad \max_{2.0\leqslant x\leqslant 2.2}\left|f^{(3)}(x)\right|=0.066\ 29$$

例 2.2.2 假设函数在节点处满足如表 2-9 所示条件，

表 2-9

x_i	0.4	0.55	0.65	0.8	0.9
$f(x_i)$	0.410 75	0.578 15	0.696 75	0.888 11	1.026 52

求函数的四次 Newton 插值多项式，并求 $f(0.596)$ 的近似值。

解 先求差商表，如表 2-10 所示：

表 2-10

节点	0 阶差商	1 阶差商	2 阶差商	3 阶差商	4 阶差商
0.4	0.410 75				
0.55	0.578 15	1.116 00			
0.65	0.696 75	1.186 00	0.280 00		
0.8	0.888 11	1.275 73	0.358 93	0.197 33	
0.9	1.026 52	1.384 10	0.433 48	0.213 00	0.031 34

因此四次 Newton 插值多项式为

$$\begin{aligned}p_4(x)=&0.410\ 75+1.116(x-0.4)+0.28(x-0.4)(x-0.55)+\\&0.197\ 33(x-0.4)(x-0.55)(x-0.65)+\\&0.313\ 4(x-0.4)(x-0.55)(x-0.65)(x-0.8)\end{aligned}$$

于是 $f(0.596)=0.631\ 95$。

2.4 Hermite 插值法

Newton 插值多项式仍然存在着一个缺陷：在插值节点处，被插函数与插值多项式曲线方向的切线方向可能不一致。

有很多实际问题不但要求插值函数与被插函数在插值节点上的函数值相等，而且还要求在某些或者全部插值节点处的若干阶导数值也相等，满足这种要求的插值多项式就是 Hermite 插值多项式。

2.4.1 重节点差商

假设在 n 阶差商 $f[x_0,x_1,\cdots,x_n]$ 中，当 $x_0,x_1,\cdots,x_n$ 都趋近于 x_0，会出现什么情况？即 $\lim\limits_{\substack{x_i\to x_0\\ i=1,2,\cdots,n}} f[x_0,x_1,\cdots,x_n]$ 是否存在，如果极限存在，那么它的极限值为多少？我们来看接下来的定理。

定理 2.4.1 设 $f(x)$ 在 $[a,b]$ 上连续，且有直到 n 阶的连续导数，若 $x_i\in(a,b)$ $(i=0,1,\cdots,n)$，则

$$\lim_{\substack{x_i\to x_0\\ i=1,2,\cdots,n}} f[x_0,x_1,\cdots,x_n]=\frac{f^n(x_0)}{n!} \tag{2-4-1}$$

定义 2.4.1 如果 $f(x)$ 在 x_0 点的邻域内有 n 阶连续导数，我们定义

$$f[\underbrace{x_0,x_0,\cdots,x_0}_{n+1\text{个}}]=\frac{f^n(x_0)}{n!}$$

由上式我们易知一般的重节点差商

$$f[\underbrace{x_1,\cdots,x_1}_{m_1\text{个}},\underbrace{x_2,\cdots,x_2}_{m_2\text{个}},\cdots,\underbrace{x_t,\cdots,x_t}_{m_t\text{个}}]$$

例如，重节点差商表（见表 2-11）

表 2-11 重节点差商表

x_1	$f[x_1]$			
x_1	$f[x_1]$	$f[x_1,x_1]$		
x_1	$f[x_1]$	$f[x_1,x_1]$	$f[x_1,x_1,x_1]$	
x_2	$f[x_1]$	$f[x_1,x_2]$	$f[x_1,x_1,x_2]$	$f[x_1,x_1,x_1,x_2]$

2.4.2 Hermite 插值多项式

定义 2.4.2 已知函数 $f(x)$ 在 $k+1$ 个互异节点 x_i $(i=0,1,\cdots,k)$ 处的函数值 $f(x_i)$ 和直到 m_i 阶的导数值 $f^{(j)}(x_i)$ $(j=1,\cdots,m_i)$。若存在次数不超过 n 的多项式 $p_n(x)$，满足

$$H_n^{(j)}(x_i)=f^{(j)}(x_i)\,,\quad j=0,1,\cdots,m_i\,,\quad i=0,1,\cdots,k \tag{2-4-2}$$

则称 $H_n(x)$ 为 $f(x)$ 的 Hermite 插值多项式。

例 2.4.1 已知 $f(1)=2, f'(1)=3, f''(1)=-2, f(2)=0$，求三次 Hermite 插值多项式。

解 由插值条件 $H_3(1)=2,\ H_3'(1)=3$ 和 $H_3''(1)=-2$，然后我们可以结合 $f(x)$ 在 $x=1$ 处的 2 阶 Taylor 展式，可得所求的 3 次插值多项式为

$$\begin{aligned}H_3(x)&=f(1)+f'(1)(x-1)+\frac{f''(1)}{2}(x-1)^2+c(x-1)^3\\&=2+3(x-1)-(x-1)^2+c(x-1)^3\end{aligned}$$

其中 c 为待定系数，满足 $H_3(x)$ 在 $x=1$ 的所有插值条件，再由 $H_3(2)=0$ 带入上式，得

$$H_3(2)=2+3-1+c=0 \Rightarrow c=-4$$

故所求的 Hermite 插值多项式为

$$H_3(x)=2+3(x-1)-(x-1)^2-4(x-1)^3$$

例 2.4.2 求满足如表 2-12 所示条件的三次 Hermite 插值多项式。

表 2-12

x_i	1	2	3
y_i	2	4	12
y'		3	

解 先求差商表如表 2-13 所示：

表 2-13

x_i	y_i	1 阶差商	2 阶差商	3 阶差商
1	2			
2	4	2		
2	4	3	1	
3	12	8	5	2

因此，所求的三次 Hermite 插值多项式为

$$H_3(x)=2+2(x-1)+(x-1)(x-2)+2(x-1)(x-2)^2$$

例 2.4.3 假设函数在节点 $x_i=1,3$ 处满足下列条件，如表 2-14 所示。

表 2-14

x_i	1	3
y_i	4	5
y'	1	2

求函数的 Hermite 插值多项式。

解　先求差商表，如表 2-15 所示：

表 2-15

x_i	y_i	1 阶差商	2 阶差商	3 阶差商
1	4			
1	4	1		
3	5	1/2	−1/4	
3	5	2	3/4	1/2

因此得到 Hermite 插值多项式 $H_3(x)=4+(x-1)-\frac{1}{4}(x-1)^2+\frac{1}{2}(x-1)^2(x-3)$。

2.5　习题 2

1. 设 $f(x)=7x+2$，则 $f[5,\ 6]=$______，$f[3,\ 6,\ 8]=$______。
2. 设 $f(x)=19x^7+15x^4+37x+12$，则 $f[2^0,\ 2^1,\ \cdots,\ 2^7]=$______，$f[2^0,\ 2^1,\ \cdots,\ 2^8]=$______。
3. 函数 $f(x)=2x^3$ 在节点 $-1,\ 0,\ 1$ 的不超过二次的插值多项式______________。
4. 设 $f(x)=83x^2+370x+134$，则 $f[1,\ 2,\ 3]=$______，$f[1,\ 2,\ 3,\ 4]=$______。
5. 对于如表 2-16 所示数据，试求其 Lagrange 插值多项式。

表 2-16

x	1	2	3	4	5
$f(x)$	6	9	8	7	1

6. 已知函数 $y=f(x)$ 在插值节点处的函数值如表 2-17 所示，求其 Newton 插值多项式。

表 2-17

k	0	1	2	3
x_k	12	1	23	56
y_k	35	61	48	78

7. 假设函数在节点 $x_i=1,\ 2$ 处满足下列条件，如表 2-18 所示，求函数的 Hermite 插值多项式。

表 2-18

x_i	1	2
y_i	6	9
y'	3	7

8. 已知如表 2-19 所示，求一个三次插值多项式 $p_3(x)$，并求 $f\left(\frac{1}{2}\right)$ 的近似值。

表 2-19

x	0	1	2	3
$f(x)$	1	3	9	27

9. 假设函数在节点 $x_i=3, 2$ 处满足如表 2-20 所示条件，求函数的 Hermite 插值多项式。

表 2-20

x_i	3	2
y_i	2	3
y'	2	−1

10. 求满足如表 2-21 所示条件的三次 Hermite 插值多项式。

表 2-21

x_i	1	2	3
y_i	5	6	9
y'			3

11. 求满足如表 2-22 所示条件的三次 Hermite 插值多项式。

表 2-22

x_i	1	5	2
y_i	52	43	62
y'	1		

2.6 Matlab 程序设计（二）

2.6.1 基础实验

例 2.6.1 函数 $y=\ln x$ 在节点处的值如表 2-23 所示。

表 2-23

x	0.4	0.5	0.6	0.7	0.8
$\ln x$	−0.911 510	−0.622 337	−0.510 812	−0.357 734	−0.223 115

用 Lagrange 插值计算 ln(0.524 917 912) 的近似值。

程序：

```
function y=lagrange(x0,y0,x)
ii=1:length(x0);
y=zeros(size(x));
for i=ii
    ij=find(ii~=i);
   y1=1;
   for j=1:length(ij),   y1=y1.*(x-x0(ij(j)));
    end
      y=y+y1*y0(i)/prod(x0(i)-x0(ij));
end
```

执行文件：

```
>> x=[0.4:0.1:0.8];
>> y=[-0.911510,-0.622337,-0.510812,-0.357734,-0.223115];
>> lagrange(x,y,[0.524917912])
```

运行结果：

```
ans = -0.5912
```

例 2.6.2　将区间 $[-1,1]$ 10 等分，利用 Lagrange 插值多项式求函数 $f(x)=\dfrac{1}{1+25x^2}$ 关于分割点的插值多项式在 $x=0.9$ 处的值，并与 $f(0.9)$ 进行比较。

程序：

```
x=-1:0.2:1;
y=1./(1+25*x.*x);
X=0.9;
Y=0;
for i=1:11
     temp=y(i);
     for j=1:11
          if j~=i
             temp=temp*(X-x(j))/(x(i)-x(j))
          end
     end
     Y=Y+temp
end
fprintf('\n 插值多项式在 x=%f 点的值为%f,', X, Y);
fprintf('f(%f)=%f\n', X, 1/(1+25*X*X));
```

运行结果：

插值多项式在 x=0.900000 点的值为 1.578721，f（0.900000）=0.047059

注：该例子说明了一个现象，称为 Runge 现象，即高次 Lagrange 插值多项式可能在节点处出现剧烈震荡，使得插值的效果不好。

例 2.6.3 函数 $\sin x$ 在节点处的值如表 2-24 所示。

表 2-24

x	0.3	0.32	0.35
$\sin x$	0.295 52	0.314 57	0.342 90
$\cos x$	0.955 34	0.949 24	0.939 37

试构造 Hermite 多项式求出 sin(0.332) 的近似值。

程序：

```
function y=hermite(x0,y0,y1,x)
n=length(x0);    m=length(x);
for k=1:m        yy=0.0;
        for i=1:n              h=1.0;    a=0.0;
            for j=1:n
                if j~=i
                    h=h*((x(k)-x0(j))/(x0(i)-x0(j)))^2;
                    a=1/(x0(i)-x0(j))+a;
                end
            end
            yy=yy+h*((x0(i)-x(k))*(2*a*y0(i)-y1(i))+y0(i));
        end
        y(k)=yy;
end
```

执行文件：

```
>> x0=[0.3,0.32,0.35];
>> y0=[0.29552,0.31457,0.34290];
>> y1=[0.95534,0.94924,0.93937];
>> y=hermite(x0,y0,y1,0.332)
```

运行结果：

```
y = 0.3259
```

例 2.6.4 给出节点数据 $f(-4.00)=27.00$，$f(0.00)=1.00$，$f(1.00)=2.00$，$f(2.00)=17.00$，作三阶 Newton 插值多项式，计算 $f(-2.345)$，并估计其误差。

程序：

```
function [y,R,A,C,L]=newdscg(X,Y,x,M)
n=length(X); m=length(x);
for t=1:m
   z=x(t); A=zeros(n,n);A(:,1)=Y';
```

```
s=0.0; p=1.0; q1=1.0; c1=1.0;
          for   j=2:n
            for i=j:n
              A(i,j)=(A(i,j-1)- A(i-1,j-1))/(X(i)-X(i-j+1));
            end
             q1=abs(q1*(z-X(j-1)));c1=c1*j;
          end
           C=A(n,n);q1=abs(q1*(z-X(n)));
for k=(n-1):-1:1
C=conv(C,poly(X(k)));
d=length(C);C(d)=C(d)+A(k,k);
end
      y(k)= polyval(C, z);
```

执行文件：

```
>> syms M,X=[-4,0,1,2];
>> Y=[27,1,2,17];
>> x=-2.345;
>> [y,R,A,C,P]=newdscg(X,Y,x,M)
```

运行结果：

```
y =22.3211
R =(1323077530165133*M)/562949953421312
A =
   27.0000         0          0          0
    1.0000   -6.5000          0          0
    2.0000    1.0000     1.5000          0
   17.0000   15.0000     7.0000     0.9167
 C =0.9167    4.2500    -4.1667     1.0000
 P =(11*x^3)/12 + (17*x^2)/4 - (25*x)/6 + 1
```

2.6.2　动手提高

实验一　根据表 2-25 所示数据，利用插值多项式预测 $x=3.0$ 的近似值。

表 2-25

x	1	5	6	2	−3
$f(x)$	6 986	92 739	68 738	93 987	81 291

实验二 已经测得在某处海洋不同深度处的水温如表 2-26 所示。根据这些数据，希望合理地估计出其他深度（如 500 m，600 m，1 000 m）处的水温。

表 2-26

深度（m）	466	741	950	1 422	1 634
水温（°C）	7.04	4.28	3.40	2.54	2.13

2.7 大数学家——拉格朗日（Lagrange）

拉格朗日，法国籍意大利裔数学家和天文学家。1736 年出生于意大利都灵，卒于 1813 年。拉格朗日曾为普鲁士腓特烈大帝在柏林工作了 20 年，被腓特烈大帝称做“欧洲最伟大的数学家”。拉格朗日一生才华横溢，在数学、物理和天文等领域做出了很多重大的贡献，其中尤以数学方面的成就最为突出。他的成就包括著名的拉格朗日中值定理，创立了拉格朗日力学等。1813 年 4 月 3 日，拿破仑授予他帝国大十字勋章，但此时的拉格朗日已卧床不起，4 月 11 日早晨，拉格朗日逝世。

18 岁时，拉格朗日用意大利语写了第一篇论文，主要内容是利用 Newton 二项式定理处理两函数乘积的高阶微商，他又将论文用拉丁语写出并寄给了当时在柏林科学院任职的数学家欧拉。不久后，获知这一成果早在半个世纪前莱布尼兹就取得了。这个不幸的开端并未使拉格朗日灰心，反而更坚定了他投身数学分析领域的信心。1755 年拉格朗日 19 岁时，在探讨数学难题“等周问题”的过程中，他以欧拉的思路和结果为依据，用纯分析的方法求变分极值。发表了第一篇论文《极大和极小的方法研究》，发展了欧拉所开创的变分法，为变分法奠定了理论基础。变分法的创立，使拉格朗日在都灵声名大震，并使他在 19 岁时就当上了都灵皇家炮兵学校的教授，成为当时欧洲公认的第一流数学家。1756 年，受欧拉的举荐，拉格朗日被任命为普鲁士科学院通讯院士。1764 年，法国科学院悬赏征文，要求用万有引力解释月球天平动问题，拉格朗日的研究获奖。他接着又成功地运用微分方程理论和近似解法研究了科学院提出的一个复杂的六体问题，为此又一次获奖。1766 年德国的腓特烈大帝向拉格朗日发出邀请时说，在“欧洲最大的王”的宫廷中应有“欧洲最大的数学家”。于是他应邀前往柏林，任普鲁士科学院数学部主任，居住达 20 年之久，在这一段时间他的科学研究达到鼎盛时期。在此期间，他完成了《分析力学》一书，这是 Newton 之后的一部重要的经典力学著作。书中运用变分原理和分析的方法，建立起完整和谐的力学体系，使力学分析化。他在序言中宣称力学已经成为分析的一个分支。1783 年，拉格朗日的故乡建立了“都灵科学院”，他被任命为名誉院长。1786 年腓特烈大帝去世以后，他接受了法王路易十六的邀请，离开柏林，定居巴黎，直至去世。这期间他参加了巴黎科学院成立的研究法国度量衡统一问题的委员会，并出任法国米制委员会主任。1799 年，法国完成统一度量衡工作，制定了被世界公认的长度、面积、体积、质量的单位，拉格朗日为此做出了巨大的努力。1791 年，拉格朗日被选为英国皇家学会会员，又先后在巴黎高等师范学院和巴黎综合工科学校任数学教授。1795 年法国建立了最高学术机构——法兰西研究院之后，拉格朗日被选为科学院数理委员会主席。此后，他才重新进行研究工作，编写了一批重要著作：《论任意阶数值方程的解法》、《解析函数论》和《函数计算讲义》，总结了那一时期的研究工作。1813 年 4 月 3 日，拿破仑授予他帝国大十字勋章。

拉格朗日科学研究所涉及的领域极其广泛。他在数学上最突出的贡献是使数学分析与几何以及力学脱离开来，明确数学的独立性，从此数学不再仅仅是其他学科的工具。拉格朗日总结了 18 世纪的数学成果，同时又为 19 世纪的数学研究开辟了道路，堪称法国最杰出的数学大师。同时，他的关于月球运动（三体问题）、行星运动、轨道计算、两个不动中心问题、流体力学等方面的研究成果，在使天文学力学化以及使力学分析化上，也起到了历史性的作用，促进了力学和天体力学的进一步发展，成为这些领域的开创性研究。在柏林工作的前十年，拉格朗日把大量时间花在代数方程和超越方程的解法上，做出了有价值的贡献，推动了代数学的发展。他提交两篇著名的论文给柏林科学院，这两篇论文为《关于解数值方程》和《关于方程的代数解法的研究》。把前人解三、四次代数方程的各种解法，总结为一套标准方法，即把方程化为低一次的方程（称辅助方程或预解式）以求解。他试图寻找五次方程的预解函数，希望这个函数是低于五次的方程的解，但未获得成功。然而，他的思想已蕴含着置换群概念，对后来阿贝尔和伽罗华起到启发性作用，最终解决了高于四次的一般方程为何不能用代数方法求解的问题。因而也可以说拉格朗日是群论的先驱。在数论方面，拉格朗日也显示出非凡的才能。他对费马提出的许多问题作出了解答。如一个正整数是不多于 4 个平方数的和的问题等，他还证明了圆周率的无理性。这些研究成果丰富了数论的内容。在《解析函数论》以及他早在 1772 年的一篇论文中，他为微积分奠定理论基础方面作了独特的尝试——他企图把微分运算归结为代数运算，从而抛弃自 Newton 以来一直令人困惑的无穷小量，并想由此出发建立全部分析学。但是由于他没有考虑到无穷级数的收敛性问题，并没有能达到他想使微积分代数化、严密化的目的。不过，他用幂级数表示函数的处理方法对分析学的发展产生了影响，成为实变函数论的起点。

拉格朗日是 18 世纪的伟大科学家，在数学、力学和天文学三个学科中都有历史性重大贡献。但他主要是数学家，拿破仑曾称赞他是“一座高耸在数学界的金字塔”，他最突出的贡献是使数学分析与几何以及力学脱离开来，明确数学的独立性，使数学不仅仅是其他学科的工具。同时在使天文学力学化、力学分析化上也起了历史性作用，促使力学和天文学（天体力学）更深入发展。由于历史的局限，严密性不够妨碍着他取得更多的成果。近百余年来，数学领域的许多新成就都可以直接或间接地溯源于拉格朗日的工作，所以他在数学史上被认为是对分析数学的发展产生全面影响的数学家之一，被誉为“欧洲最大的数学家”。

第 3 章　数值积分

众所周知，我们可以利用如下的 Newton-Leibniz 公式来求积分：

$$\int_a^b f(x)\mathrm{d}x = F(b) - F(a)$$

该公式可以计算部分定积分问题，但是在工程和科学计算中，该公式使用起来却很困难，因为我们很难将原函数 $F(x)$ 用初等函数表示，例如 $\int \frac{\cos x}{x}\mathrm{d}x$ 就很难求出其原函数。因此，由于上面的公式在应用上是有局限性的，所以研究定积分的数值计算方法是很有必要的。

3.1　插值型积分公式

3.1.1　插值型求积公式的构造及其余项

设 $x_0, x_1, \cdots, x_n$ 是区间 $[a,b]$ 上的 $n+1$ 个互异节点， $f(x_i)$ 为 $f(x)$ 给定在这些节点处的函数值，由 Lagrange 插值多项式有

$$f(x) \approx p_n(x) = \sum_{i=0}^{n} f(x_i) l_i(x)$$

其中， $l_i(x)$ 是 Lagrange 基函数。

我们用 $p_n(x)$ 代替 $f(x)$ 求积分得

$$\int_a^b f(x)\mathrm{d}x \approx \int_a^b p_n(x)\mathrm{d}x = \sum_{i=0}^{n}\left[f(x_i)\int_a^b l_i(x)\mathrm{d}x \right] \tag{3-1-1}$$

若记

$$A_i = \int_a^b l_i(x)\mathrm{d}x \tag{3-1-2}$$

将式（3-1-2）代入（3-1-1）得到

$$\int_a^b f(x)\mathrm{d}x \approx \sum_{i=0}^{n} A_i f(x_i) \tag{3-1-3}$$

我们也可将（3-1-3）写成带余项的形式

$$\int_a^b f(x)\mathrm{d}x = \sum_{i=0}^{n} A_i f(x_i) + R[f] \tag{3-1-4}$$

其中，$A_i\ (i=0,1,\cdots,n)$是与$f(x)$无关的常数，称为求积系数，$x_i\ (i=0,1,\cdots,n)$称为求积节点。（3-1-3）称为数值求积公式。若求积系数由式（3-1-2）给出，则称这个求积公式为插值型求积公式，$R[f]$称为求积公式的截断误差。

定义 3.1.1　如果式（3-1-2）对于任何次数不高于m次的代数多项式都精确成立，而存在$m+1$次的代数多项式不能精确成立，则称式（3-1-2）具有m次代数精度。

注：（1）一个求积公式的代数精度越高，就会对越多的代数多项式成立。

（2）由定积分的性质可知，证明求积公式的代数精度为m，只需验证它对$f(x)=1,x,x^2,\cdots,x^m$精确成立，而对$f(x)=x^{m+1}$不成立即可。

例 3.1.1　确定求积公式$\int_{-1}^{1}f(x)\mathrm{d}x\approx\frac{1}{3}(f(-1)+4f(0)+f(1))$的代数精度。

解　首先，注意到

$$I_k=\int_{-1}^{1}x^k\mathrm{d}x=\frac{1-(-1)^{k+1}}{k+1}=\begin{cases}0, & k\text{ 为奇数}\\ \dfrac{2}{k+1}, & k\text{ 为偶数}\end{cases}$$

接下来，分别令$f(x)=1,x,x^2,x^3$,代入原式后对左右两端进行比较：

$$f(x)=1,\quad \frac{1}{3}(1+4\times1+1)=2=I_0$$

$$f(x)=x,\quad \frac{1}{3}(-1+4\times0+1)=0=I_1$$

$$f(x)=x^2,\quad \frac{1}{3}(1+0\times4+1)=\frac{2}{3}=I_2$$

$$f(x)=x^3,\quad \frac{1}{3}(-1+0\times4+1)=0=I_3$$

$$f(x)=x^4,\quad \frac{1}{3}(1+0\times4+1)=\frac{2}{3}\neq I_4$$

从而该求积公式的代数精度为$m=3$。

例 3.1.2　确定下面求积公式的待定参数，使其代数精度尽量高，并指出代数精度的次数。

$$\int_{-1}^{1}f(x)\mathrm{d}x\approx A_0f(0)+A_1f(1)+A_2f'(1)$$

解　分别令$f(x)=1,x,x^2$，代入求积公式，得

$$A_0+A_1=2,\quad A_1+A_2=0,\quad A_1+2A_2=\frac{2}{3}$$

解得$A_0=\frac{8}{3},A_1=-\frac{2}{3},A_2=\frac{2}{3}$。因此

$$\int_{-1}^{1}f(x)\mathrm{d}x\approx\frac{8}{3}f(0)-\frac{2}{3}f(1)+\frac{2}{3}f'(1)$$

代入检验，该求积公式的代数精度为 2 次。

例 3.1.3 确定下面求积公式的待定参数，使其代数精度尽量高，并指出代数精度的最高次数。

$$\int_0^1 f(x)\mathrm{d}x \approx af(0)+bf(1)+cf'(0) \text{。}$$

解 分别令 $f(x)=1,x,x^2$，代入求积公式得

$$a+b=1\text{，}\quad b+c=\frac{1}{2}\text{，}\quad b=\frac{1}{3}$$

解得 $a=\frac{2}{3}$，$b=\frac{1}{3}$，$c=\frac{1}{6}$，因此

$$\int_0^1 f(x)\mathrm{d}x \approx \frac{2}{3}f(0)+\frac{1}{3}f(1)+\frac{1}{6}f'(0)$$

取 $f(x)=x^3$，代入上面的求积公式，但是左边不等于右边，故得到的求积公式具有 2 次代数精度。

3.2 Newton-Cotes 求积公式

3.2.1 Newton-Cotes 低阶求积公式

定义 3.2.1 等距节点下的插值型求积公式称为 Newton-Cotes 公式。

下面我们把区间 $[a,b]$ n 等分，每一段长度为 $h=\frac{b-a}{n}$，各等分点可表示为 $x_k=a+kh$ $(k=0,1,\cdots,n)$。接下来，作变换 $x=a+th$，得到 $x_i=a+ih$，则

$$\begin{aligned}A_i&=\int_a^b l_i(x)\mathrm{d}x=\int_a^b\prod_{j=0,j\neq i}^{n}\frac{x-x_j}{x_i-x_j}\mathrm{d}x=\int_0^n\prod_{j=0,j\neq i}^{n}\frac{t-j}{i-j}h\mathrm{d}t\\&=\frac{b-a}{n}\frac{(-1)^{n-i}}{i!(n-i)!n}\int_0^n\prod_{j=0,j\neq i}^{n}(t-j)\mathrm{d}t\end{aligned}$$

记

$$C_i^{(n)}=\frac{(-1)^{n-i}}{i!(n-i)!n}\int_0^n\prod_{j=0,j\neq i}^{n}(t-j)\mathrm{d}t$$

称 $C_i^{(n)}$ 为 Cotes 系数，从而得到 Newton-Cotes 公式：

$$\int_a^b f(x)\mathrm{d}x\approx(b-a)\sum_{i=0}^{n}C_i^{(n)}f(x_i) \tag{3-2-1}$$

容易证明，Cotes 系数具有如下性质：

（1）对于确定的 n，Cotes 系数之和等于 1，即 $\sum_{i=0}^{n} C_i^{(n)} = 1$。

（2）对称性：$C_i^{(n)} = C_{n-i}^{(n)}$。

下面我们给出部分 Cotes 系数 $C_k^{(n)}$ 的值，如表 3-1 所示：

表 3-1

n					$C_k^{(n)}$				
1	$\frac{1}{2}$	$\frac{1}{2}$							
2	$\frac{1}{6}$	$\frac{4}{6}$	$\frac{1}{6}$						
3	$\frac{1}{8}$	$\frac{3}{8}$	$\frac{3}{8}$	$\frac{1}{8}$					
4	$\frac{7}{90}$	$\frac{16}{45}$	$\frac{2}{15}$	$\frac{16}{45}$	$\frac{7}{90}$				
5	$\frac{19}{288}$	$\frac{25}{96}$	$\frac{25}{144}$	$\frac{25}{144}$	$\frac{25}{96}$	$\frac{19}{288}$			
6	$\frac{41}{840}$	$\frac{9}{35}$	$\frac{9}{280}$	$\frac{34}{105}$	$\frac{9}{280}$	$\frac{9}{35}$	$\frac{41}{840}$		
7	$\frac{751}{17\,280}$	$\frac{3\,577}{17\,280}$	$\frac{49}{640}$	$\frac{2\,989}{17\,280}$	$\frac{2\,989}{17\,280}$	$\frac{49}{640}$	$\frac{3\,577}{17\,280}$	$\frac{751}{17\,280}$	
8	$\frac{989}{28\,350}$	$\frac{2\,944}{14\,175}$	$\frac{-464}{14\,175}$	$\frac{5\,248}{14\,175}$	$\frac{-454}{2\,835}$	$\frac{5\,248}{14\,175}$	$\frac{-464}{14\,175}$	$\frac{2\,944}{14\,175}$	$\frac{989}{28\,350}$

当 $n=1$ 时，Newton-Cotes 公式（3-2-1）为

$$I = \int_a^b f(x)\mathrm{d}x \approx T = \frac{b-a}{2}[f(a)+f(b)] \tag{3-2-2}$$

该公式称为梯形公式，易证它的代数精度为 1。

当 $n=2$ 时，Newton-Cotes 公式为

$$I = \int_a^b f(x)\mathrm{d}x \approx S = \frac{b-a}{6}\left[f(a)+4f\left(\frac{a+b}{2}\right)+f(b)\right] \tag{3-2-3}$$

该公式称为 Simpson 公式，它的代数精度为 3。

当 $n=4$ 时，Newton-Cotes 公式为

$$\begin{aligned} I &= \int_a^b f(x)\mathrm{d}x \\ &\approx C = \frac{b-a}{90}[7f(a)+32f(a+h)+12f(a+2h)+32f(a+3h)+7f(b)] \end{aligned} \tag{3-2-4}$$

该公式称为 Cotes 公式，它的代数精度为 5。

Newton-Cotes 公式是求积节点在等距离情形下的插值型求积公式，因此至少具有 n 次代数精度，可以证明当 n 为偶数时，Newton-Cotes 公式至少具有 $n+1$ 次代数精度。

定理 3.2.1　当 n 为偶数时，Newton-Cotes 公式（3-2-1）具有至少 $n+1$ 次代数精度。

证明 设 n 为偶数，令 $f(x)=x^{n+1}$，得到 $f^{(n+1)}(x)=(n+1)!$，从而

$$\int_a^b x^{n+1}\mathrm{d}x-(b-a)\sum_{i=0}^{n}C_i^{(n)}x_i^{n+1}=\int_a^b\prod_{j=0}^{n}(x-x_j)\mathrm{d}x$$

引入变量替换 $x=a+th$，并注意到 $x_j=a+jh$，有

$$\int_a^b\prod_{j=0}^{n}(x-x_j)\mathrm{d}x=h^{n+2}\int_0^n\prod_{j=0}^{n}(t-j)\mathrm{d}t$$

再令 $t=u+\dfrac{2}{n}$，$\dfrac{n}{2}\in N^+$，有

$$h^{n+2}\int_0^n\prod_{j=0}^{n}(t-j)\mathrm{d}t=h^{n+2}\int_{-n/2}^{n/2}\prod_{j=0}^{n}\left(u+\frac{n}{2}-j\right)\mathrm{d}u=0$$

这里被积函数 $H(u)=\prod_{j=0}^{n}\left(u+\dfrac{n}{2}-j\right)$ 是 $\left[-\dfrac{n}{2},\dfrac{n}{2}\right]$ 上的奇函数。事实上

$$H(-u)=\prod_{j=0}^{n}\left(-u+\frac{n}{2}-j\right)=(-1)^{n+1}\prod_{j=0}^{n}\left(u-\frac{n}{2}+j\right)$$

作替换 $j=n-i$，得到

$$\begin{aligned}H(-u)&=(-1)^{n+1}\prod_{j=0}^{n}\left(u-\frac{n}{2}+j\right)=(-1)^{n+1}\prod_{i=n}^{0}\left(u+\frac{n}{2}-i\right)\\&=(-1)^{n+1}H(u)=-H(u)\end{aligned}$$

通过上述定理我们可以得到，当积分区间 $[a,b]$ 的等分数 n 为偶数时，$n+1$ 个等距节点的插值型求积公式的代数精度可以达到 $n+1$ 次。

由此可知，梯形公式为 $n=1$ 时的等距节点的插值型求积公式，故其代数精度为 1。Simpson 公式为 $n=2$ 时的等距节点的插值型求积公式，故其代数精度为 3。Cotes 公式为 $n=4$ 时的等距节点的插值型求积公式，故其代数精度为 5。

例 3.2.1 利用梯形公式、Simpson 公式、Cotes 公式分别计算

$$\int_0^1 x^2\mathrm{d}x$$

的近似值。

解 由题知，积分的精确值为

$$I=\int_0^1 x^2\mathrm{d}x=0.333\ 33$$

由梯形公式得

$$I\approx T=\frac{1}{2}[0^2+1^2]=0.500\ 00$$

由 Simpson 公式得

$$I \approx S = \frac{1}{6}\left[0^2 + 4\left(\frac{1}{2}\right)^2 + 1^2\right] = 0.333\ 33$$

由 Cotes 公式得

$$I \approx C = \frac{1}{90}[7\times 0^2 + 32\times 0.25^2 + 12\times 0.5^2 + 32\times 0.75^2 + 7\times 1^2] = 0.333\ 33$$

例 3.2.2　用梯形公式、Simpson 公式、Cotes 公式计算 $\int_0^1 86x\mathrm{d}x$。

解　对于 $\int_0^1 86x\mathrm{d}x$，有

$$T_1 = 86\times\frac{1}{2}\times[0+1] = 43$$

$$S_1 = 86\times\frac{1}{6}\times[0+4(1/2)+1] = 43$$

$$C_1 = 86\times\frac{1}{90}\times[7\times 0 + 32\times 0.25 + 12\times 0.5 + 32\times 0.75 + 7\times 1] = 43$$

3.2.2　几类低阶求积公式的余项

首先看梯形公式，按照余项公式（3-1-4），假设 $f(x)\in C^2[a,b]$，梯形公式（3-2-2）的余项为

$$\begin{aligned} R_T = I - T &= \int_a^b f(x)\mathrm{d}x - \frac{b-a}{2}[f(a)+f(b)] = \int_a^b f(x)\mathrm{d}x - \int_a^b L_1(x)\mathrm{d}x \\ &= \int_a^b [f(x)-L_1(x)]\mathrm{d}x = \int_a^b \frac{f''(\xi)}{2}(x-a)(x-b)\mathrm{d}x \end{aligned}$$

由积分中值定理，$\exists\eta\in[a,b]$，使得

$$R_T = \frac{f''(\eta)}{2}\int_a^b (x-a)(x-b)\mathrm{d}x = -\frac{f''(\eta)}{12}(b-a)^3$$

接下来，看 Simpson 求积公式的余项，构造三次 Hermite 插值多项式 $H_3(x)$，使其满足

$$H_3(a) = f(a),\quad H_3(b) = f(b),\quad H'(c) = f'(c)$$

这里 $c = \dfrac{b+a}{2}$。

由于 Simpson 公式具有三次代数精度，它对于 $H_3(x)$ 应该准确成立，即

$$\begin{aligned} \int_a^b H_3(x)\mathrm{d}x &= \frac{b-a}{6}[H_3(a) + 4H_3(c) + H_3(b)] \\ &= \frac{b-a}{6}[f(a) + 4f(c) + f(b)] \end{aligned}$$

假设 $f(x)\in C^4[a,b]$，Simpson 公式的余项为

$$R_S = I - S = \int_a^b f(x)\mathrm{d}x - \int_a^b H_3(x)\mathrm{d}x = \int_a^b [f(x)-H_3(x)]\mathrm{d}x$$
$$= \int_a^b \frac{f^{(4)}(\xi)}{4!}(x-a)(x-c)^2(x-b)\mathrm{d}x$$

由积分中值定理，$\exists\eta\in[a,b]$，使得

$$\int_a^b \frac{f^{(4)}(\eta)}{4!}(x-a)(x-c)^2(x-b)\mathrm{d}x = -\frac{(b-a)^5}{2\,880}f^{(4)}(\eta),\quad \eta\in[a,b]$$

关于 Cotes 公式的积分余项，我们这里不推导，仅给出结果

$$R_C = I - C = -\frac{8}{945}\left(\frac{b-a}{4}\right)^7 f^{(6)}(\eta),\quad \eta\in[a,b]$$

3.3 复化求积公式

如表 3-1 所示，当 $n\geqslant 8$ 时，Cotes 公式系数 $C_k^{(n)}$ 有正有负，这样求积系数 $A_k=(b-a)C_k^{(n)}$ 不全为正，从而不能保证求积公式的稳定性。为了提高代数精度通常把积分区间划分为若干个子区间，再在每个子区间上使用低阶求积公式，这种方法称为复化求积法。

3.3.1 复化梯形公式

将积分区间 $[a,b]$ n 等分，分点 $x_i=a+ih\ (i=0,1,\cdots,n)$，其中步长 $h=\dfrac{b-a}{n}$，在每个小区间 $[x_i,x_{i+1}]\ (i=0,1,\cdots,n-1)$ 上，运用梯形公式，得到

$$I=\int_a^b f(x)\mathrm{d}x=\sum_{i=0}^{n-1}\int_{x_i}^{x_{i+1}} f(x)\mathrm{d}x=\sum_{i=0}^{n-1}\frac{h}{2}[f(x_i)+f(x_{i+1})]+R(T_n)$$

记

$$T_n=\sum_{i=0}^{n-1}[f(x_i)+f(x_{i+1})]=\frac{h}{2}\left[f(a)+2\sum_{i=1}^{n-1}f(x_i)+f(b)\right]\tag{3-3-1}$$

称为复化梯形公式。

下面估计余项 $R(T_n)$。

$$R(T_n)=I-T_n=\sum_{i=0}^{n-1}\left[-\frac{h^3}{12}f''(\eta_i)\right],\qquad \eta_i\in(x_i,x_{i+1}).$$

设 $f(x)\in C^2[a,b]$，$\exists$ 一点 $\eta\in[a,b]$，使得 $f''(\eta)=\dfrac{1}{n}\sum_{i=0}^{n-1}f''(\eta_i)$，得到余项 $R(T_n)$ 为

$$R(T_n)=-\frac{b-a}{12}h^2 f''(\eta)\,,\quad \eta\in(a,b) \tag{3-3-2}$$

3.3.2　复化 Simpson 公式

将积分区间 $[a,b]$ n 等分，分点 $x_i=a+ih\ (i=0,1,\cdots,n)$，其中步长 $h=\dfrac{b-a}{n}$，取每个小区间 $[x_i,x_{i+1}]\ (i=0,1,\cdots,n-1)$ 的中点 $x_{i+\frac{1}{2}}=x_i+\dfrac{h}{2}$，运用 Simpson 公式，有

$$\begin{aligned}I&=\int_a^b f(x)\mathrm{d}x=\sum_{i=0}^{n-1}\int_{x_i}^{x_{i+1}}f(x)\mathrm{d}x\\&=\sum_{i=0}^{n-1}\frac{h}{6}\left[f(x_i)+4f\left(x_{i+\frac{1}{2}}\right)+f(x_{i+1})\right]+R(S_n)\end{aligned}$$

记

$$\begin{aligned}S_n&=\sum_{i=0}^{n-1}\frac{h}{6}\left[f(x_i)+4f\left(x_{i+\frac{1}{2}}\right)+f(x_{i+1})\right]\\&=\frac{h}{6}\left[f(a)+4\sum_{i=0}^{n-1}f\left(x_{i+\frac{1}{2}}\right)+2\sum_{i=1}^{n-1}f(x_i)+f(b)\right]\end{aligned} \tag{3-3-3}$$

称为复化 Simpson 求积公式。

下面估计其余项 $R(S_n)$。

$$R(S_n)=I-S_n=-\frac{h}{180}\left(\frac{h}{2}\right)^4 f^{(4)}(\eta_i),\quad \eta_i\in(x_i,x_{i+1}) \tag{3-3-4}$$

设 $f(x)\in C^4[a,b]$，$\exists$一点 $\eta\in[a,b]$，使得 $f^{(4)}(\eta)=\dfrac{1}{n}\sum\limits_{i=0}^{n-1}f^{(4)}(\eta_i)$，得到余项 $R(S_n)$ 为

$$R(S_n)=-\frac{b-a}{180}\left(\frac{h}{2}\right)^4 f^{(4)}(\eta),\quad \eta\in[a,b]$$

3.3.3　复化 Cotes 公式

用类似的方法可以得到复化 Cotes 公式为

$$C_n=\frac{h}{90}\left[7f(a)+32\sum_{k=0}^{n-1}f\left(x_{k+\frac{1}{4}}\right)+12\sum_{k=0}^{n-1}f\left(x_{k+\frac{2}{4}}\right)+32\sum_{k=0}^{n-1}f\left(x_{k+\frac{3}{4}}\right)+14\sum_{k=1}^{n}f(x_k)+7f(b)\right] \tag{3-3-5}$$

其余项为

$$R(C_n)=I-C_n=-\frac{2(b-a)}{945}\left(\frac{h}{4}\right)^6 f^{(6)}(\eta),\quad \eta\in(a,b) \tag{3-3-6}$$

例 3.3.1　将积分区间 4 等分，分别用复化梯形公式和复化 Simpson 公式计算

$$I=\int_0^1 \frac{x}{4+x^2}\mathrm{d}x$$

的近似值。

解 令 $f(x)=\dfrac{x}{4+x^2}$，步长为 $h=\dfrac{1}{4}$，所以由复化梯形公式得

$$I\approx T_4=\frac{1}{2}\times\frac{1}{4}\left[f(0)+2f\left(\frac{1}{4}\right)+2f\left(\frac{1}{2}\right)+2f\left(\frac{3}{4}\right)+f(1)\right]$$

$$=\frac{70\ 201}{645\ 320}\approx 0.108\ 78$$

由复化 Simpson 公式得

$$I\approx S_4=\frac{1}{6}\times\frac{1}{4}\left[f(0)+4f\left(\frac{1}{8}\right)+2f\left(\frac{2}{8}\right)+4f\left(\frac{3}{8}\right)+2f\left(\frac{4}{8}\right)+4f\left(\frac{5}{8}\right)+2f\left(\frac{6}{8}\right)+4f\left(\frac{7}{8}\right)+f(1)\right]$$

$$\approx 0.111\ 57$$

3.4 Gauss 求积公式

对于一个给定的定积分，若积分区间 $[a,b]$ 上有 $n+1$ 个互不相同的节点，插值型求积公式的代数精度至少为 n，这一节我们将讨论具有更高代数精度的求积公式——Gauss 求积公式。

3.4.1 Gauss 求积公式的定义

例 3.4.1 计算求积节点 x_0,x_1 和求积系数 A_1,A_2，使求积公式

$$I=\int_{-1}^1 f(x)\mathrm{d}x\approx A_0f(x_0)+A_1f(x_1)$$

的代数精度尽可能高。

解 由题意可得该求积公式含有 4 个参数 x_0,x_1 和 A_1,A_2，令 $f(x)$ 分别为 $1,x,x^2,x^3$，得到非线性方程组

$$\begin{cases}A_0+A_1=\int_{-1}^1 1\mathrm{d}x=2\\ A_0x_0+A_1x_1=\int_{-1}^1 x\mathrm{d}x=0\\ A_0{x_0}^2+A_1{x_1}^2=\int_{-1}^1 x^2\mathrm{d}x=\dfrac{2}{3}\\ A_0{x_0}^3+A_1{x_1}^3=\int_{-1}^1 x^3\mathrm{d}x=0\end{cases}$$

解得 $x_0=-\dfrac{1}{\sqrt{3}}$，$x_1=\dfrac{1}{\sqrt{3}}$，$A_0=A_1=1$。因此求积公式为

$$\int_{-1}^1 f(x)\mathrm{d}x\approx f\left(-\frac{1}{\sqrt{3}}\right)+f\left(\frac{1}{\sqrt{3}}\right)$$

由上述构造过程可知，该求积公式至少具为 3 次代数精度。因此，我们适当的选择 $n+1$ 个求积节点和 $n+1$ 个求积系数，可使得该求积公式的代数精度为 $2n+1$。

定义 3.4.1　设 $f(x)\in C[a,b]$， x_i $(i=0,1,\cdots,n)$ 是 $[a,b]$ 上的互异节点，对于求积公式

$$\int_a^b f(x)\approx\sum_{i=0}^{n}A_i f(x_i) \tag{3-4-1}$$

其中 $A_i(i=0,1,\cdots,n)$ 为不依赖于 $f(x)$ 的常数，如果具有 $n+1$ 个求积节点的求积公式的代数精度至少为 $2n+1$，称为 Gauss 求积公式，此时的求积节点 $x_0,x_1,\cdots,x_n$，称为 Gauss 点。

下面讨论 Gauss 型求积公式的求法：

如果式（3-4-1）具有 $2n+1$ 次代数精度，当取 $f(x)=x^m$ $(m=0,\ 1,\ \cdots,\ 2n+1)$ 时，它应该成立，于是有

$$\sum_{i=0}^{n}A_i x_i^{\ m}=\frac{1}{m+1}(b^{m+1}-a^{m+1})\quad (m=0,\ 1,\ \cdots,\ 2n+1) \tag{3-4-2}$$

由式（3-4-2），可解得 $x_i,\ A_i$ $(i=0,\ 1,\ \cdots,\ n)$。

但是这个方法有一定的局限性，当 $n\geqslant 2$ 时，非线性方程组（3-4-2）很难求解，所以在解决实际问题时我们不用解非线性方程组（3-4-2）来求 x_i, A_i $(i=0,1,\cdots,n)$，而是通过 Gauss 点的性质来构造 Gauss 型求积公式。

3.4.2　Gauss 点的性质

我们先来讨论 $[-1,\ 1]$ 上的定积分 $\int_{-1}^{1}f(x)\mathrm{d}x$ 的 Gauss 点，对于 $[a,b]$ 区间上的积分，做变量替换

$$x=\frac{b-a}{2}t+\frac{a+b}{2}$$

就可化为 $[-1,\ 1]$ 上的积分

$$\int_a^b f(x)\mathrm{d}x=\frac{b-a}{2}\int_{-1}^{1}f\left(\frac{b-a}{2}t+\frac{a+b}{2}\right)\mathrm{d}t$$

定义 3.4.2　称以区间 $[-1,\ 1]$ 上的 Gauss 点 $x_i(i=0,1,\cdots,n)$ 为零点且首项系数为 1 的 $n+1$ 次多项式

$$\omega_{n+1}(x)=\prod_{i=0}^{n}(x-x_i)=(x-x_0)(x-x_1)\cdots(x-x_n)$$

为 Legendre 多项式。

Legendre 多项式的表示形式为

$$\omega_n(x)=\frac{n!}{(2n)!}\frac{d^n}{dx^n}\left[(x^2-1)^n\right] \tag{3-4-3}$$

定理 3.4.1　插值型求积公式（3-4-1）中的节点 $a\leqslant x_0<x_1<\cdots<x_n\leqslant b$ 为 Gauss 点的充要

条件是多项式 $\omega_{n+1}(x)=(x-x_0)(x-x_1)\cdots(x-x_n)$ 与任何次数不超过 n 的多项式 $p(x)$ 正交，即

$$\int_a^b p(x)\omega_{n+1}(x)\mathrm{d}x=0$$

证明 必要性：任取次数不超过 n 的多项式 $p(x)$，则 $p(x)\omega_{n+1}(x)$ 为次数不超过 $2n+1$ 的多项式。如果 $x_0<x_1<\cdots<x_n$ 为 Gauss 点，则式（3-4-1）对于 $f(x)=p(x)\omega_{n+1}(x)$ 成立，即

$$\int_a^b p(x)\omega_{n+1}(x)\mathrm{d}x=\sum_{i=0}^{n}A_i p(x_i)\omega_{n+1}(x_i)=0$$

充分性：任取次数不超过 $2n+1$ 的多项式 $f(x)$，利用多项式除法，有

$$f(x)=p(x)\omega_{n+1}(x)+q(x)$$

其中 $p(x),q(x)$ 均为次数不超过 n 的多项式，由条件可知

$$\int_a^b p(x)\omega_{n+1}(x)\mathrm{d}x=0$$

故

$$\int_a^b f(x)\mathrm{d}x=\int_a^b q(x)\mathrm{d}x$$

因为式（3-4-1）是插值型求积公式，故它对于任意 $q(x)$ 均成立，即

$$\int_a^b q(x)\mathrm{d}x=\sum_{i=0}^{n}A_i q(x_i)$$

又 $q(x_i)=f(x_i)-p(x_i)\omega_{n+1}(x_i)=f(x_i)$，于是

$$\int_a^b f(x)\mathrm{d}x=\int_a^b q(x)\mathrm{d}x=\sum_{i=0}^{n}A_i q(x_i)=\sum_{i=0}^{n}A_i f(x_i)$$

故节点 $a\leqslant x_0<x_1<\cdots<x_n\leqslant b$ 为 Gauss 点。

由上面定理可得：在 $[a,b]$ 上的 $n+1$ 次正交多项式的零点这就是求积公式（3-4-1）中的 Gauss 点，可以求出求积节点 $a\leqslant x_0<x_1<\cdots<x_n\leqslant b$，再利用式（3-4-2）对于 $m=0,1,\cdots,n$ 均成立，可以得到关于求积系数 $A_0,A_1,\cdots,A_n$ 的线性方程组，解该方程就可以得到求积系数 $A_0,A_1,\cdots,A_n$。

3.4.3 Gauss 公式的构造

由 Legendre 多项式得到 Gauss 点后，我们将构造以 Gauss 点为求积节点的插值多项式，即 Gauss-Legendre 求积公式。

利用式（3-4-3），可得到如下几个常用的低阶 Legendre 多项式：

$$P_0(x)=1$$

$$P_1(x)=x$$

$$P_2(x)=x^2-\frac{1}{3}$$

$$P_3(x)=x^3-\frac{3}{5}x$$

$$P_4(x)=x^4-\frac{6}{7}x^2+\frac{3}{35}$$

由上面几个常用的低阶 Legendre 多项式，可得到以下 Gauss-Legendre 求积公式：

$$\int_{-1}^{1}f(x)\mathrm{d}x\approx 2f(0)\quad（一点\ \text{Gauss-Legendre}\ 求积公式）$$

$$\int_{-1}^{1}f(x)\mathrm{d}x\approx f\left(-\frac{1}{\sqrt{3}}\right)+f\left(\frac{1}{\sqrt{3}}\right)\quad（二点\ \text{Gauss-Legendre}\ 求积公式）$$

$$\int_{-1}^{1}f(x)\mathrm{d}x\approx \frac{5}{9}f\left(-\sqrt{\frac{3}{5}}\right)+\frac{8}{9}f(0)+\frac{5}{9}f\left(\sqrt{\frac{3}{5}}\right)\quad（三点\ \text{Gauss-Legendre}\ 求积公式）$$

若 $f^{(2n+2)}(x)$ 在区间 $[a,b]$ 上连续，则 Gauss 求积公式的余项为

$$R(G)=\frac{f^{(2n+2)}(\xi)}{(2n+2)!}\int_a^b\prod_{i=0}^{n}(x-x_i)^2\mathrm{d}x$$

其中 $\xi\in[a,b]$。

例 3.4.2　利用二点 Gauss-Legendre 求积公式计算 $I=\int_0^{\frac{\pi}{2}}\cos x\mathrm{d}x$ 的近似值。

解　做变量替换 $x=\frac{\pi}{4}(1+t)$， $x\in\left[0,\frac{\pi}{2}\right]$，对应的 $t\in[-1,1]$。

利用二点 Gauss-Legendre 求积公式，可得

$$\begin{aligned}I&=\frac{\pi}{4}\int_{-1}^{1}\cos\frac{\pi(1+t)}{4}\mathrm{d}t\\&\approx\frac{\pi}{4}\left[\cos\frac{\pi\left(1-\frac{1}{\sqrt{3}}\right)}{4}+\cos\frac{\pi\left(1+\frac{1}{\sqrt{3}}\right)}{4}\right]\end{aligned}$$

应用和差化积公式，可得

$$I\approx\frac{\pi}{4}\cdot 2\cos\frac{\pi}{4}\cos\left(-\frac{\pi}{2\sqrt{3}}\right)\approx 1$$

3.5　习题 3

1. Newton-Cotes 求积公式中，当 n 为奇数时，至少具有 n 次代数精度；当 n 为偶数时，至少具有 $n+1$ 次代数精度？ ＿＿＿＿＿

2. 数值求积公式 $\int_0^1 f(x)\mathrm{d}x \approx \frac{1}{4}f(0)+\frac{3}{4}f\left(\frac{2}{3}\right)$ 具有 3 次代数精度吗？__________

3. 对于 $n=4$ Newton-Cotes 求积公式有_________个系数，其和为_________。

4. 利用 Simpson 公式、Cotes 公式计算 $\int_0^1 x^2\mathrm{d}x$。

5. 确定下面求积公式的待定参数，使其代数精度尽量高，并指出代数精度的最高次数

$$\int_0^1 f(x)\mathrm{d}x \approx af(0)+bf(1)+cf'(0)\text{。}$$

6. 确定下面求积公式的待定参数，使其代数精度尽量高，并指出代数精度的最高次数

$$\int_{-h}^{h} f(x)\mathrm{d}x \approx A_0 f(-h)+A_1 f(0)+A_2 f(h)\text{。}$$

3.6 Matlab 程序设计（三）

3.6.1 基础实验

例 3.6.1 将区间[0, 1]四等分，分别用复化梯形公式和复化 Simpson 公式计算定积分 $I=\int_0^1 \frac{1}{1+x^2}\mathrm{d}x$ 的近似值。

程序：

```
f=inline('4./(1+x.^2)');
h=(1-0)/4;
temp=f(0);    xk=0;
for i=1:3
            xk=xk+h;
            temp=temp + 2*f(xk);
end
temp=temp+f(1);
temp=temp*h/2;
fprintf('\n复化梯形公式计算的结果:%f',temp);
temp=0;
h=(1-0)/2;
xk=0;    yk=f(0);
for i=0:1
            xkh=xk+h/2;    ykh=f(xkh);
            xk1=xk+h;      yk1=f(xk1);
            temp=temp +h*(yk+4*ykh+yk1)/6;
            xk=xk1;    yk=yk1;
end
```

```
fprintf('\n复化Simpson公式计算的结果：%f\n',temp);
```

运行结果：

复化梯形公式计算的结果: 3.131176

复化 Simpson 公式计算的结果：3.141569

例 3.6.2　利用梯形公式求函数 $\sin x$, $\cos x$ 和 $\sin\frac{x}{2}$ 在区间 $(0, \pi)$ 上的定积分。

程序：

```
>> x1=[0:pi/30:pi]'; y=[sin(x1) cos(x1) sin(x1/2)];
>> S=trapz(x1,y)        % 梯形公式
```

运行结果：

S = 1.9982　　0.0000　　1.9995

例 3.6.3　利用 Gauss 求积公式求 $\int_0^1 \cos x\mathrm{d}x$。

程序：

```
function g=gauss2(fun,a,b)
h=(b-a)/2;
c=(a+b)/2;
x=[h*(-0.7745967)+c, c, h*0.7745967+c];
g=h*(0.55555556*(gaussf(x(1))+gaussf(x(3)))+0.88888889*gaussf(x(2)));
function y=gaussf(x)
y=cos(x);
```

执行文件：

```
>> gauss2('gaussf',0,1)
```

运行结果：

ans = 0.8415

3.6.2　动手提高

实验一　利用 $n=4$ 时的复合梯形公式和复合 Simpson 公式求解积分方程

$$y(t)+\int_0^{\frac{\pi}{2}} y(x)\frac{1}{2-3\cos^2\frac{t+x}{2}}\mathrm{d}x = 2-\sin^2 t$$。

实验二　分别利用梯形公式、Simpson 公式、Cotes 公式计算

$$\int_0^1 (\sin x+\cos x)e^{-x^2}\mathrm{d}x$$。

3.7　大数学家——高斯（Guass）

高斯，男，德国著名数学家、物理学家、天文学家、大地测量学家。1777 年出生于布伦瑞克，卒于 1855 年。高斯被认为是历史上最重要的数学家之一，并有“数学王子”的美誉。

1792 年进入大学学习，在那里他独立发现了二项式定理的一般形式、数论上的“二次互反律”、素数定理、算术-几何平均数。1795 年高斯进入哥廷根大学，1796 年得到了一个数学史上极重要的结果—《正十七边形尺规作图之理论与方法》。高斯在历史上影响巨大，可以和阿基米德、牛顿、欧拉并列。

高斯是一对普通夫妇的儿子。他的母亲是一个贫穷石匠的女儿，虽然十分聪明，但却没有接受过教育，近似于文盲。在她成为高斯父亲的第二个妻子之前，她从事女佣工作。他的父亲曾做过园丁、工头、商人的助手和一个小保险公司的评估师。高斯三岁时，便能够纠正他父亲的借债账目的相关错误，这已经成为一个轶事流传至今。他曾说能够在头脑中进行复杂的计算，是上帝赐予他一生的天赋。高斯用很短的时间计算出了小学老师布置的任务：对自然数从 1 到 100 的求和。他所使用的方法是：将 50 对和为 101 的数列进行求和(1+100,2+99,3+98,……)，同时得到结果为 5050。这一年，高斯 9 岁。父亲格尔恰尔德·迪德里赫对高斯要求极为严厉，甚至有些过份，常常喜欢凭自己的经验为年幼的高斯规划人生。高斯尊重他的父亲，并且秉承了其父诚实、谨慎的性格。1787 年高斯 10 岁，他进入了学习数学的班次，这是一个首次创办的班。数学教师是布特纳，他对高斯的成长起了一定作用。布特纳当时提出了一个等差数列的求和问题。当刚一写完时，高斯就算完并把写有答案的小石板交了上去。贝尔写道，高斯晚年经常喜欢向人们谈论这件事，说当时只有他写的答案是正确的，而其他的孩子们都错了。但是高斯并没有明确地讲过，他是用什么方法那么快就解决了这个问题。数学史家们倾向于认为，高斯当时已掌握了等差数列求和的方法。一位年仅 10 岁的孩子，能独立发现这一数学方法实属很不平常。贝尔根据高斯本人晚年的说法而叙述的史实，应该是比较可信的。而且，这更能反映高斯从小就注意把握更本质的数学方法这一特点。高斯的计算能力、独到的数学方法、非同一般的创造力，使布特纳对他刮目相看。他特意从汉堡买了最好的算术书送给高斯，说：“你已经超过了我，我没有什么东西可以教你了。”接着，高斯与布特纳的助手巴特尔斯建立了真诚的友谊，直到巴特尔斯逝世。他们一起学习，互相帮助，高斯由此开始了真正的数学研究。

高斯的数学研究几乎遍及所有领域，在数论、代数学、非欧几何、复变函数和微分几何等方面都做出了开创性的贡献。他还把数学应用于天文学、大地测量学和磁学的研究，发明了最小二乘法原理。他十分注重数学的应用，并且在对天文学、大地测量学和磁学的研究中也偏重于用数学方法进行研究。高斯的研究领域，遍及纯粹数学和应用数学的各个领域，开辟了许多新的数学领域，从最抽象的代数数论到内蕴几何学，都留下了他的足迹。从研究风格、方法乃至所取得的具体成就，他都是 18、19 世纪之交的中坚人物。如果我们把 18 世纪的数学家想象为一系列的高山峻岭，那么最后一个令人肃然起敬的巅峰就是高斯；如果把 19 世纪的数学家想象为一条条江河，那么其源头就是高斯。

第 4 章　矩阵的三角分解法

在处理一些复杂的矩阵问题时，为了简化计算或者观察规律，往往需要分解矩阵。本章将介绍几种分解矩阵的方法，供大家参考。

4.1　Cramer 法则

含有 n 个未知量 $x_i\ (i=1,2,3,\cdots,n)$ 的 m 个线性等式构成的线性方程组

$$\sum_{j=1}^{n} a_{ij}x_j = b_i\ ,\quad i=1,2,3,\cdots,m \tag{4-1-1}$$

其中 $a_{ij}\ (i=1,2,3,\cdots,m;\, j=1,2,3,\cdots,n)$ 为未知数的系数，$b_i\ (i=1,2,3,\cdots,m)$ 为等式右端的常数，并且 a_{ij} 和 b_i 都是已知数。

因为 m 与 n 为任意大于零的整数，没有固定大小关系，所以可以根据 m 与 n 取值的大小关系，将线性方程组（4-1-1）分为以下三种类型：

（1）当 $m=n$ 时，将线性方程组称作适定方程组；

（2）当 $m<n$ 时，将线性方程组称作不定方程组；

（3）当 $m>n$ 时，将线性方程组称作超定方程组。

要求解线性方程组（4-1-1）的解，需将不定方程组和超定方程组均化为适定方程组。我们只考虑 $m=n$ 情况下的适定方程组，即（4-1-1）为 n 阶线性方程组：

$$\begin{cases} a_{11}x_1 + a_{12}x_2 + \cdots + a_{1n}x_n = b_1 \\ a_{21}x_1 + a_{22}x_2 + \cdots + a_{2n}x_n = b_2 \\ \cdots\cdots\cdots\cdots \\ a_{n1}x_1 + a_{n2}x_2 + \cdots + a_{nn}x_n = b_n \end{cases} \tag{4-1-2}$$

将方程组（4-1-2）中的 n 个线性等式写为

$$(a_{11}, a_{12}, \cdots, a_{1n})\begin{bmatrix} x_1 \\ x_2 \\ \vdots \\ x_n \end{bmatrix} = b_1$$

$$(a_{21}, a_{22}, \cdots, a_{2n})\begin{bmatrix} x_1 \\ x_2 \\ \vdots \\ x_n \end{bmatrix} = b_2$$

$$\vdots$$

$$(a_{n1},a_{n2},\cdots,a_{nn})\begin{bmatrix}x_1\\x_2\\\vdots\\x_n\end{bmatrix}=b_n$$

将上述形式的线性等式合并以后，便得到 n 阶线性方程组的矩阵形式：

$$\begin{bmatrix}a_{11}&a_{12}&\cdots&a_{1n}\\a_{21}&a_{22}&\cdots&a_{2n}\\\vdots&\vdots&&\vdots\\a_{n1}&a_{n2}&\cdots&a_{nn}\end{bmatrix}\begin{bmatrix}x_1\\x_2\\\vdots\\x_n\end{bmatrix}=\begin{bmatrix}b_1\\b_2\\\vdots\\b_n\end{bmatrix}$$

若令

$$\boldsymbol{A}=(a_{ij})_{n\times n}=\begin{pmatrix}a_{11}&a_{12}&\cdots&a_{1n}\\a_{21}&a_{22}&\cdots&a_{2n}\\\vdots&\vdots&&\vdots\\a_{n1}&a_{n2}&\cdots&a_{nn}\end{pmatrix}$$

$$\boldsymbol{x}=(x_1,x_2,\cdots,x_n)^{\mathrm{T}}$$

$$\boldsymbol{b}=(b_1,b_2,\cdots,b_n)^{\mathrm{T}}$$

有

$$\boldsymbol{Ax}=\boldsymbol{b} \tag{4-1-3}$$

其中 $i=1,2,\cdots,n; j=1,2,\cdots,n$。这里 $\boldsymbol{A}=(a_{ij})_{n\times n}$ 称为方程组（4-1-2）的系数矩阵；$\boldsymbol{b}=(b_1,b_2,\cdots,b_n)^{\mathrm{T}}$ 称为方程组的右端项；$\boldsymbol{x}=(x_1,x_2,\cdots,x_n)^{\mathrm{T}}$ 是方程组的未知量。将方程组的系数矩阵同右端项共同构成的矩阵

$$[\boldsymbol{A},\ \boldsymbol{b}]=\begin{pmatrix}a_{11}&a_{12}&\cdots&a_{1n}&b_1\\a_{21}&a_{22}&\cdots&a_{2n}&b_2\\\vdots&\vdots&&\vdots&\vdots\\a_{n1}&a_{n2}&\cdots&a_{nn}&b_n\end{pmatrix} \tag{4-1-4}$$

称为 n 阶线性方程组（4-1-2）或（4-1-3）的增广矩阵。

求解线性方程组的解，可以应用矩阵的一些性质及定理来解决，下面我们将介绍利用 Cramer 法则求线性方程组的解。

定理 4.1.1（Cramer 法则） 如果 n 阶线性方程组

$$\begin{cases}a_{11}x_1+a_{12}x_2+\cdots+a_{1n}x_n=b_1\\a_{21}x_1+a_{22}x_2+\cdots+a_{2n}x_n=b_2\\\cdots\cdots\cdots\cdots\\a_{n1}x_1+a_{n2}x_2+\cdots+a_{nn}x_n=b_n\end{cases}$$

的系数矩阵为

$$A=\begin{pmatrix} a_{11} & a_{12} & \cdots & a_{1n} \\ a_{21} & a_{22} & \cdots & a_{2n} \\ \vdots & \vdots & & \vdots \\ a_{n1} & a_{n2} & \cdots & a_{nn} \end{pmatrix} \tag{4-1-5}$$

其行列式

$$\det(A)=|A|=\begin{vmatrix} a_{11} & \cdots & a_{1j} & \cdots & a_{1n} \\ a_{21} & \cdots & a_{2j} & \cdots & a_{2n} \\ \vdots & & \vdots & & \vdots \\ a_{n1} & \cdots & a_{n2} & \cdots & a_{nn} \end{vmatrix}\neq 0$$

时，那么 n 阶线性方程组（4-1-2）有解，并且解是唯一的，为

$$x=\begin{pmatrix} x_1 \\ x_2 \\ \vdots \\ x_n \end{pmatrix}$$

方程组的解向量的分量可以通过系数矩阵表示为：

$$x_1=\frac{d_1}{|A|},\ x_2=\frac{d_2}{|A|},\ \cdots,\ x_n=\frac{d_n}{|A|}$$

其中 $d_j\ (j=1,2,\cdots,n)$ 是把矩阵 A 中第 j 列换成线性方程组（4-1-2）中的右端项 $b_1,b_2,\cdots,b_n$ 所构成矩阵的行列式。

4.2　Gauss 消去法

4.2.1　Gauss 消去法

对线性方程组 $Ax=b$ 作行变换：

（1）交换方程组中任意两个方程的顺序；

（2）方程组中任何一个方程乘以某一个非零数；

（3）方程组中任何一个方程减去某倍数的另一个方程，得到的新方程组都是与原方程组（4-1-2）是等价的。若方程组 $Ax=b$ 的系数矩阵 A 是非奇异（可逆，此时 A 的行列式 $\det(A)\neq 0$）的，则得到的新方程组与原方程组是同解的。假设方程组（4-1-2）的系数矩阵（4-1-5）非奇异，则它有唯一解。

解方程组（4-1-2）的基本 Gauss 消去法就是反复运用上述运算，按自然顺序（主对角元素的顺序）逐次消去未知量，将方程组（4-1-2）化为一个上三角形方程组，这个过程称为消元过程；然后逐一求解该上三角形方程组，这个过程称为回代过程。该上三角形方程组的解就是原方程组（4-1-1）的解。下面我们重点论述 Gauss 消去法的消元过程：

Gauss 消去法的消元过程主要由 $n-1$ 步构成：

首先，我们假设 $a_{11} \neq 0$，将增广矩阵（4-1-4）中的除 a_{11} 外的第一列元素 $(a_{21}, a_{31}, \cdots, a_{n1})$ 根据矩阵的初等变换化简为零。

令

$$l_{i1} = \frac{a_{i1}}{a_{11}}, \quad i = 2,3,\cdots,n$$

将增广矩阵（4-1-4）中的第 i $(i \neq 1)$ 行分别减第一行的 l_{i1} 倍，得

$$\left[\boldsymbol{A}^{(1)}, \boldsymbol{b}^{(1)}\right] = \begin{pmatrix} a_{11} & a_{12} & \cdots & a_{1n} & b_1 \\ a_{21} & a_{22}^{(1)} & \cdots & a_{2n}^{(1)} & b_2^{(1)} \\ \vdots & \vdots & & \vdots & \vdots \\ a_{n1} & a_{n2}^{(1)} & \cdots & a_{nn}^{(1)} & b_n^{(1)} \end{pmatrix}$$

其中

$$a_{ij}^{(1)} = a_{ij} - l_{i1} a_{1j},$$

$$b_i^{(1)} = b_i - l_{i1} b_1, \quad i = 2,3,\cdots,n, \quad j = 2,3,\cdots,n$$

然后，假设 $a_{22}^{(1)} \neq 0$，将第一步得到的矩阵中的第二列元素 $(a_{32}^{(1)}, a_{42}^{(1)}, \cdots, a_{n2}^{(1)})$ 同样化简为零，以此类推，当进行了 k 步时，假设 $a_{kk}^{(k-1)} \neq 0$，我们将得到

$$[\boldsymbol{A}^{(k)}, \boldsymbol{b}^{(k)}] = \begin{pmatrix} a_{11} & a_{12} & \cdots & a_{1k} & a_{1,k+1} & \cdots & a_{1n} & b_1 \\ & a_{22}^{(1)} & \cdots & a_{2k}^{(1)} & a_{2,k+1}^{(1)} & \cdots & a_{2n}^{(1)} & b_2^{(1)} \\ & & \ddots & \vdots & \vdots & & \vdots & \vdots \\ & & & a_{kk}^{(k-1)} & a_{k,k+1}^{(k-1)} & \cdots & a_{kn}^{(k-1)} & b_k^{(k-1)} \\ & & & & a_{k+1,k+1}^{(k)} & \cdots & a_{k+1,n}^{(k)} & b_{k+1}^{(k)} \\ & & & & \vdots & & \vdots & \vdots \\ & & & & a_{n,k+1}^{(k)} & \cdots & a_{nn}^{(k)} & b_n^{(k)} \end{pmatrix}$$

其中

$$\begin{aligned} & a_{ik}^{(k)} = 0 \\ & a_{ij}^{(k)} = a_{ij}^{(k-1)} - l_{ik} a_{kj}^{(k-1)} \\ & b_i^{(k)} = b_i^{(k-1)} - l_{ik} b_k^{(k-1)} \\ & l_{ik} = a_{ik}^{(k-1)} / a_{kk}^{(k-1)} \\ & i = k+1, k+2, \cdots, n \\ & j = k+1, k+2, \cdots, n \end{aligned}$$

规定：

$$a_{ij}^{(0)} = a_{ij}, \; b_i^{(0)} = b_i, \quad i,j = 1,2,\cdots,n$$

当进行 $n-1$ 步消元之后，便会得到如下矩阵

$$[\boldsymbol{A}^{(n-1)},\boldsymbol{b}^{(n-1)}]=\begin{pmatrix} a_{11} & a_{12} & \cdots & a_{1k} & \cdots & a_{1n} & b_1 \\ & a_{22}^{(1)} & \cdots & a_{2k}^{(1)} & \cdots & a_{2n}^{(1)} & b_2^{(1)} \\ & & \ddots & \vdots & & \vdots & \vdots \\ & & & a_{kk}^{(k-1)} & \cdots & a_{kn}^{(k-1)} & b_k^{(k-1)} \\ & & & & \ddots & \vdots & \vdots \\ & & & & & a_{nn}^{(n-1)} & b_n^{(n-1)} \end{pmatrix}$$

其对应的线性方程组为

$$\begin{cases} a_{11}+a_{12}x_2+\cdots+a_{1k}+a_{1,k+1}x_{k+1}+\cdots+a_{1n}x_n=b_1 \\ a_{22}^{(1)}x_2+\cdots+a_{2k}^{(1)}x_k+a_{2,k+1}^{(1)}x_{k+1}+\cdots+a_{2n}^{(1)}x_n=b_2^{(1)} \\ \vdots \\ a_{kk}^{(k-1)}x_k+a_{k,k+1}^{(k-1)}x_{k+1}+\cdots+a_{kn}^{(k-1)}x_n=b_k^{(k-1)} \\ \vdots \\ a_{nn}^{(n-1)}x_n=b_n^{(n-1)} \end{cases}$$

所得方程组与原方程组（4-1-2）有相同解且为等价方程组，而 Gauss 消去法的回代过程就是求解以上方程组的解，其计算公式为

$$x_k=\left(b_k^{(k-1)}-\sum_{j=k+1}^{n}a_{kj}^{(k-1)}x_j\right)\Big/a_{kk}^{(k-1)},\quad k=n,n-1,\cdots,1$$

例 4.2.1　用 Gauss 消去法求解线性方程组

$$\begin{cases} x_1+2x_2+x_3=0 \\ 2x_1+2x_2+3x_3=3 \\ -x_1-3x_2=2 \end{cases}。$$

解　Gauss 消去法的消元过程可以对该方程组的增广矩阵进行初等变换：

$$[\boldsymbol{A},\boldsymbol{b}]=\begin{bmatrix} 1 & 2 & 1 & 0 \\ 2 & 2 & 3 & 3 \\ -1 & -3 & 0 & 2 \end{bmatrix}\xrightarrow[r_3+1/2r_2]{r_2-2r_1}\begin{bmatrix} 1 & 2 & 1 & 0 \\ 0 & -2 & 1 & 3 \\ 0 & -2 & 3/2 & 7/2 \end{bmatrix}$$

$$\xrightarrow{r_3-r_2}\begin{bmatrix} 1 & 2 & 1 & 0 \\ 0 & -2 & 1 & 3 \\ 0 & 0 & 1/2 & 1/2 \end{bmatrix}$$

可以得到与方程组同解的上三角形方程组

$$\begin{cases} x_1+2x_2+x_3=0 \\ -2x_2+x_3=3 \\ \dfrac{1}{2}x_3=\dfrac{1}{2} \end{cases}$$

显然，线性方程组是容易求解的，其解为 $\boldsymbol{x}^*=(1,-1,1)^{\mathrm{T}}$ 。

4.2.2 列主元消去法

对于线性方程组 $Ax=b$，若记 $A^{(1)}=A,\ b^{(1)}=b$，列主元消去法就是要在线性方程组的增广矩阵中找到要消去未知数的系数中的绝对值最大的系数作为主元，然后通过矩阵初等变换将其变换到主对角线上，最后再进行消元的过程。

列主元消去法的算法过程如下：

将 n 阶线性方程组的增广矩阵

$$\begin{pmatrix} a_{11} & a_{12} & \cdots & a_{1n} & b_1 \\ a_{21} & a_{22} & \cdots & a_{2n} & b_2 \\ \vdots & \vdots & \ddots & \vdots & \vdots \\ a_{n1} & a_{n2} & \cdots & a_{nn} & b_n \end{pmatrix}$$

作如下变换：

对任意的 $k=1,2,\cdots,n-1$，令 $a_{pk}=\max\sum_{s=k}^{n}|a_{sk}|$；交换增广矩阵的第 k 行与第 p 行；对 $j=k+1,k+2,\cdots,n$，计算

$$a_{jm}=a_{jm}-\frac{a_{km}\cdot a_{jk}}{a_{kk}}(m=k,k+1,\cdots,n),\quad b_j=b_j-\frac{b_k\cdot a_{jk}}{a_{kk}}$$

算法结束。

例 4.2.2 用列主元消去法解方程组

$$\begin{bmatrix} 0 & 2 & 1 \\ 1 & 1 & 0 \\ 2 & 3 & 2 \end{bmatrix}\begin{bmatrix} x_1 \\ x_2 \\ x_3 \end{bmatrix}=\begin{bmatrix} 5 \\ 3 \\ 0 \end{bmatrix}。$$

解 写出其增广矩阵为

$$\begin{pmatrix} 0 & 2 & 1 & 5 \\ 1 & 1 & 0 & 3 \\ 2 & 3 & 2 & 0 \end{pmatrix}\xrightarrow{r_1\leftrightarrow r_3}\begin{pmatrix} 2 & 3 & 2 & 0 \\ 1 & 1 & 0 & 3 \\ 0 & 2 & 1 & 5 \end{pmatrix}\xrightarrow{r_2-\frac{1}{2}r_1}\begin{pmatrix} 2 & 3 & 2 & 0 \\ 0 & -\frac{1}{2} & -1 & 3 \\ 0 & 2 & 1 & 5 \end{pmatrix}$$

$$\xrightarrow{r_2\leftrightarrow r_3}\begin{pmatrix} 2 & 3 & 2 & 0 \\ 0 & 2 & 1 & 5 \\ 0 & -\frac{1}{2} & -1 & 3 \end{pmatrix}\xrightarrow{r_3+\frac{1}{4}r_2}\begin{pmatrix} 2 & 3 & 2 & 0 \\ 0 & 2 & 1 & 5 \\ 0 & 0 & -\frac{3}{4} & \frac{17}{4} \end{pmatrix}$$

将第二次消元后得到的矩阵回代得到方程组的解为：

$$x_1=-\frac{7}{3},\quad x_2=\frac{16}{3},\quad x_3=-\frac{17}{3}$$

4.3　LU 分解方法

4.3.1　利用 Guass 消去法作 LU 分解

设方程组（4-1-2）的系数矩阵 A 的各个顺序主子式都不为零，对方程组的系数矩阵施行初等变换相当于用初等矩阵左乘 A，方程组（4-1-2）经过施行第一步消元后化为：

$$\begin{pmatrix} a_{11}^{(1)} & a_{12}^{(1)} & \cdots & a_{1n}^{(1)} \\ 0 & a_{22}^{(2)} & \cdots & a_{2n}^{(2)} \\ \vdots & \vdots & & \vdots \\ 0 & a_{n2}^{(2)} & \cdots & a_{nn}^{(2)} \end{pmatrix}\begin{pmatrix} x_1 \\ x_2 \\ \vdots \\ x_n \end{pmatrix} = \begin{pmatrix} b_1^{(1)} \\ b_2^{(2)} \\ \vdots \\ b_n^{(2)} \end{pmatrix}$$

系数矩阵 $\boldsymbol{A}^{(1)}$ 化为 $\boldsymbol{A}^{(2)}$，$\boldsymbol{b}^{(1)}$ 化为 $\boldsymbol{b}^{(2)}$，即

$$\boldsymbol{L}_1\boldsymbol{A}^{(1)} = \boldsymbol{A}^{(2)}, \quad \boldsymbol{L}_1\boldsymbol{b}^{(1)} = \boldsymbol{b}^{(2)}$$

其中

$$\boldsymbol{L}_1 = \begin{pmatrix} 1 & & & & \\ -m_{21} & 1 & & & \\ -m_{31} & & 1 & & \\ \vdots & & & \ddots & \\ -m_{n1} & & & & 1 \end{pmatrix}$$

经过 k 步消元，将 $\boldsymbol{A}^{(k)}$ 化为 $\boldsymbol{A}^{(k+1)}$，$\boldsymbol{b}^{(k)}$ 化为 $\boldsymbol{b}^{(k+1)}$，也就是说

$$\boldsymbol{L}_k\boldsymbol{A}^{(k)} = \boldsymbol{A}^{(k+1)}, \quad \boldsymbol{L}_k\boldsymbol{b}^{(k)} = \boldsymbol{b}^{(k+1)},$$

其中

$$\boldsymbol{L}_k = \begin{pmatrix} 1 & & & & & \\ & \ddots & & & & \\ & & 1 & & & \\ & & -m_{k+1,k} & 1 & & \\ & & \vdots & & \ddots & \\ & & -m_{nk} & & & 1 \end{pmatrix}$$

上述消元过程进行到第 $n-1$ 步时，得到

$$\begin{cases} \boldsymbol{L}_{n-1}\cdots\boldsymbol{L}_2\boldsymbol{L}_1\boldsymbol{A}^{(1)} = \boldsymbol{A}^{(n)} \\ \boldsymbol{L}_{n-1}\cdots\boldsymbol{L}_2\boldsymbol{L}_1\boldsymbol{b}^{(1)} = \boldsymbol{b}^{(n)} \end{cases}$$

将上式中的 $\boldsymbol{A}^{(n)}$ 记作 $\boldsymbol{U}$，可得

$$\boldsymbol{A} = \boldsymbol{L}_1^{-1}\boldsymbol{L}_2^{-1}\cdots\boldsymbol{L}_{n-1}^{-1}\boldsymbol{U} = \boldsymbol{L}\boldsymbol{U}$$

其中

$$L = L_1^{-1} L_2^{-1} \cdots L_{n-1}^{-1} = \begin{pmatrix} 1 & & & & \\ m_{21} & 1 & & & \\ m_{31} & m_{32} & 1 & & \\ \vdots & \vdots & \vdots & \ddots & \\ m_{n1} & m_{n2} & m_{n3} & \cdots & 1 \end{pmatrix}$$

为单位下三角矩阵。

由上述推导过程，可以知道高斯消去法是将 n 阶线性方程组（4-1-2）的系数矩阵进行因式分解，化为两个三角矩阵相乘的形式。当 L 为单位下三角矩阵时，称分解为 Doolittle 分解（LU 分解）；当 U 为单位上三角矩阵时，称分解为 Crout 分解（$\boldsymbol{QR}$ 分解）。从上述的分解过程中可以得到如下定理：

定理 4.3.1（矩阵的 $\boldsymbol{LU}$ 分解） 设 $\boldsymbol{A}$ 为 n 阶矩阵，如果 $\boldsymbol{A}$ 的顺序主子式 $D_i \neq 0$，$(i = 1, 2, \cdots, n)$，则 $\boldsymbol{A}$ 可分解为单位下三角矩阵 $\boldsymbol{L}$ 和上三角矩阵 $\boldsymbol{U}$ 的乘积，且这种分解是唯一的。

例 4.3.1 对如下方程组进行 LU 分解

$$\begin{cases} x_1 + x_2 + x_3 = 6 \\ 4x_2 - x_3 = 5 \\ 2x_1 - 2x_2 + x_3 = -6 \end{cases}$$

解 线性方程组的系数矩阵为：

$$\boldsymbol{A} = \begin{pmatrix} 1 & 1 & 1 \\ 0 & 4 & -1 \\ 2 & -2 & 1 \end{pmatrix}$$

由高斯消去法可得：

$$m_{21} = 0, \quad m_{31} = 2, \quad m_{32} = -1$$

所以

$$\boldsymbol{L} = \begin{pmatrix} 1 & 0 & 0 \\ 0 & 1 & 0 \\ 2 & -1 & 1 \end{pmatrix}, \quad \boldsymbol{U} = \begin{pmatrix} 1 & 1 & 1 \\ 0 & 4 & -1 \\ 0 & 0 & -2 \end{pmatrix}$$

即系数矩阵 A 的 LU 分解为：

$$\boldsymbol{A} = \boldsymbol{LU} = \begin{pmatrix} 1 & 0 & 0 \\ 0 & 1 & 0 \\ 2 & -1 & 1 \end{pmatrix} \begin{pmatrix} 1 & 1 & 1 \\ 0 & 4 & -1 \\ 0 & 0 & -2 \end{pmatrix}$$

4.3.2 $\boldsymbol{LU}$ 分解的基本原理

设 n 阶线性方程组的系数矩阵 $\boldsymbol{A}$ 的行列式不为零，且 $\boldsymbol{A}$ 可以进行矩阵的 $\boldsymbol{LU}$ 分解，有

$$\boldsymbol{A} = \boldsymbol{LU}$$

其中 $\boldsymbol{L}$ 为单位下三角矩阵，$\boldsymbol{U}$ 为上三角矩阵，即

$$L=\begin{pmatrix}1 & & & \\ l_{21} & 1 & & \\ \vdots & \vdots & \ddots & \\ l_{n1} & l_{n2} & \cdots & 1\end{pmatrix}$$

$$U=\begin{pmatrix}u_{11} & u_{12} & \cdots & u_{1n} \\ & u_{22} & \cdots & u_{2n} \\ & & \ddots & \vdots \\ & & & u_{nn}\end{pmatrix}$$

于是

$$A=\begin{pmatrix}a_{11} & a_{12} & \cdots & a_{1n} \\ a_{21} & a_{22} & \cdots & a_{2n} \\ \vdots & \vdots & \ddots & \vdots \\ a_{n1} & a_{n2} & \cdots & a_{nn}\end{pmatrix}=\begin{pmatrix}1 & & & \\ l_{21} & 1 & & \\ \vdots & \vdots & \ddots & \\ l_{n1} & l_{n2} & \cdots & 1\end{pmatrix}\begin{pmatrix}u_{11} & u_{12} & \cdots & u_{1n} \\ & u_{22} & \cdots & u_{2n} \\ & & \ddots & \vdots \\ & & & u_{nn}\end{pmatrix} \quad (4\text{-}3\text{-}1)$$

由等式两边对应元素相等可知，对于 $\boldsymbol{A}$ 中的任意元素，可以由其分解式经过 n 步计算直接得出，且第 k 步得出 $\boldsymbol{L}$ 的第 k 列元素和 $\boldsymbol{U}$ 的第 k 行元素。根据（4-3-1）中矩阵 $\boldsymbol{A}$ 的分解式，有

$$a_{1i}=u_{1i}, \quad i=1,2,\cdots,n$$

得到 U 的第 1 行元素

$$a_{i1}=l_{i1}u_{11}, \quad l_{i1}=a_{i1}/u_{11}, \quad i=2,3,\cdots n$$

得到 L 的第 1 列元素。假设已经得到 U 的第 1 行到第 $k-1$ 行与 L 的第 1 列到第 $k-1$ 列元素，根据矩阵的乘法法则可以得到

$$a_{ki}=\sum_{r=1}^{n}l_{kr}u_{ri}=\sum_{r=1}^{k-1}l_{kr}u_{ri}+u_{ki}$$

所以

$$u_{ki}=a_{ki}-\sum_{r=1}^{k-1}l_{kr}u_{ri}, \qquad i=r,r+1,\cdots,n$$

由 A 的分解式（4-3-1）得

$$a_{ik}=\sum_{r=1}^{n}l_{ir}u_{rk}=\sum_{r=1}^{k-1}l_{ir}u_{rk}+l_{ik}u_{kk}$$

例 4.3.2　实现矩阵

$$A=\begin{pmatrix}2 & -1 & -1 \\ 1 & 2 & 0 \\ 1 & 0 & 3\end{pmatrix}$$

的 Doolittle 分解。

解 利用 Doolittle 分解公式分解得$\begin{pmatrix} 2 & -1 & -1 \\ 0.5 & 2.5 & 0.5 \\ 0.5 & 0.2 & 3.4 \end{pmatrix}$，

因此

$$A=\begin{pmatrix} 2 & -1 & -1 \\ 1 & 2 & 0 \\ 1 & 0 & 3 \end{pmatrix}=\begin{pmatrix} 1 & 0 & 0 \\ 0.5 & 1 & 0 \\ 0.5 & 0.2 & 1 \end{pmatrix}\begin{pmatrix} 2 & -1 & -1 \\ 0 & 2.5 & 0.5 \\ 0 & 0 & 3.4 \end{pmatrix}$$

例 4.3.3 求矩阵

$$A=\begin{pmatrix} 2 & 1 & 1 \\ 1 & 3 & 2 \\ 1 & 2 & 2 \end{pmatrix}$$

的 Doolittle 分解和 Crout 分解。

解 （1）利用 Doolittle 分解公式分解得$\begin{pmatrix} 2 & 1 & 1 \\ 1/2 & 5/2 & 3/2 \\ 1/2 & 3/5 & 3/5 \end{pmatrix}$，

因此

$$A=\begin{pmatrix} 2 & 1 & 1 \\ 1 & 3 & 2 \\ 1 & 2 & 2 \end{pmatrix}=\begin{pmatrix} 1 & 0 & 0 \\ 1/2 & 1 & 0 \\ 1/2 & 3/5 & 1 \end{pmatrix}\begin{pmatrix} 2 & 1 & 1 \\ 0 & 5/2 & 3/2 \\ 0 & 0 & 3/5 \end{pmatrix}$$

（2）利用 Crout 分解公式分解得

$$A=\begin{pmatrix} 2 & 1 & 1 \\ 1 & 3 & 2 \\ 1 & 2 & 2 \end{pmatrix}=\begin{pmatrix} 2 & 0 & 0 \\ 1 & 5/2 & 0 \\ 1 & 3/2 & 3/5 \end{pmatrix}\begin{pmatrix} 1 & 1/2 & 1/2 \\ 0 & 1 & 3/5 \\ 0 & 0 & 1 \end{pmatrix}$$

例 4.3.4 用直接三角分解法解

$$\begin{pmatrix} 1 & 2 & 3 \\ 2 & 5 & 2 \\ 3 & 1 & 5 \end{pmatrix}\begin{pmatrix} x_1 \\ x_2 \\ x_3 \end{pmatrix}=\begin{pmatrix} 14 \\ 18 \\ 20 \end{pmatrix}。$$

解 由分解公式

$$u_{ki}=a_{ki}-\sum_{r=1}^{k-1} l_{kr}u_{ri}, \quad i=r,r+1,\cdots,n$$

和

$$l_{ik}=\left(a_{ik}-\sum_{r=1}^{i-1} l_{ir}u_{rk}\right)\Big/u_{kk}, \quad i=k+1,\cdots,n, \quad 且 r\neq n$$

得

$$A=\begin{pmatrix}1&0&0\\2&1&0\\3&-5&1\end{pmatrix}\begin{pmatrix}1&2&3\\0&1&-4\\0&0&-24\end{pmatrix}=LU$$

计算

$\boldsymbol{Ly}=\boldsymbol{b}=(14,18,20)^{\mathrm{T}}$，得 $\boldsymbol{y}=(14,-10,-72)^{\mathrm{T}}$，

$\boldsymbol{Ux}=\boldsymbol{y}=(14,-10,-72)^{\mathrm{T}}$，得 $\boldsymbol{x}=(1,2,3)^{\mathrm{T}}$。

4.4　Cholesky 分解方法

定理 4.4.1（Cholesky 分解） 若 $\boldsymbol{A}$ 为 n 阶对称正定矩阵，则存在一个实的非奇异下三角矩阵 $\boldsymbol{L}$ 使得 $\boldsymbol{A}=\boldsymbol{LL}^{\mathrm{T}}$，若限定 $\boldsymbol{L}$ 的对角元素为正时，则这种分解是唯一的。

对于对称正定矩阵 $\boldsymbol{A}$，若存在下三角矩阵 $\boldsymbol{L}$，使得

$$\boldsymbol{A}=\boldsymbol{LL}^{\mathrm{T}}$$

即

$$\begin{pmatrix}a_{11}&a_{12}&\cdots&a_{1n}\\a_{21}&a_{22}&\cdots&a_{2n}\\\vdots&\vdots&&\vdots\\a_{n1}&a_{n2}&\cdots&a_{nn}\end{pmatrix}=\begin{pmatrix}l_{11}&&&\\l_{21}&l_{22}&&\\\vdots&\vdots&\ddots&\\l_{n1}&l_{n2}&\cdots&l_{nn}\end{pmatrix}\begin{pmatrix}l_{11}&l_{21}&\cdots&l_{n1}\\&l_{22}&\cdots&l_{n2}\\&&\ddots&\vdots\\&&&l_{nn}\end{pmatrix}\tag{4-4-1}$$

称为矩阵 $\boldsymbol{A}$ 的 Cholesky 分解，其中 $l_{ii}>0\ (i=1,2,\cdots,n)$，根据矩阵的乘法及 $l_{jr}=0\ (j<r)$ 得

$$a_{ij}=\sum_{r=1}^{n}l_{ir}l_{jr}=\sum_{r=1}^{j-1}l_{ir}l_{jr}+l_{ij}l_{jj}$$

对称正定方程组 $\boldsymbol{Ax}=\boldsymbol{b}$ 的 Cholesky 分解法计算公式为：

$$l_{11}=\sqrt{a_{11}}$$

$$l_{i1}=a_{i1}/l_{11},\quad i=2,3,\cdots,n$$

$$l_{jj}=\left(a_{jj}-\sum_{r=1}^{j-1}l_{jr}^2\right)^{\frac{1}{2}},\quad j=1,2,\cdots,n$$

$$l_{ij}=\left(a_{ij}-\sum_{r=1}^{j-1}l_{ir}l_{jr}\right)^{\frac{1}{2}}\Big/l_{jj},\quad i=j+1,\cdots,n$$

求 $\boldsymbol{Ax}=\boldsymbol{b}$ 的解，等价于求方程组

$$\begin{cases}\boldsymbol{Ly}=\boldsymbol{b}\\\boldsymbol{L}^{\mathrm{T}}\boldsymbol{x}=\boldsymbol{y}\end{cases}$$

的解。

例 4.4.1 用 Cholesky 分解法求方程组

$$\boldsymbol{A}=\begin{pmatrix}4 & -1 & 1\\ -1 & 4.25 & 2.75\\ 1 & 2.75 & 3.5\end{pmatrix}\begin{pmatrix}x_1\\ x_2\\ x_3\end{pmatrix}=\begin{pmatrix}6\\ -0.5\\ 1.25\end{pmatrix}$$

的解。

解 由于 $\boldsymbol{A}$ 为是对称矩阵且其各阶主子式 $\boldsymbol{A}_k$ 满足 $\det(\boldsymbol{A}_k)>0$，故 A 为对称正定矩阵，可以用 Cholesky 分解进行矩阵分解

$$l_{11}=\sqrt{a_{11}}=\sqrt{4}=2\,,\quad l_{21}=\frac{a_{21}}{l_{11}}=-0.5\,,\quad l_{31}=\frac{a_{31}}{l_{11}}=0.5$$

$$l_{22}=(a_{22}-l_{21}^2)^{\frac{1}{2}}=2\,,\quad l_{32}=(a_{32}-l_{31}l_{21})/l_{22}=1.5\,,\quad l_{33}=(a_{33}-l_{31}^2-l_{32}^2)^{\frac{1}{2}}=1$$

所以

$$\boldsymbol{L}=\begin{pmatrix}2 & 0 & 0\\ -0.5 & 2 & 0\\ 0.5 & 1.5 & 1\end{pmatrix}$$

由方程组

$$\begin{cases}\boldsymbol{L}\boldsymbol{y}=\boldsymbol{b}\\ \boldsymbol{L}^{\mathrm{T}}\boldsymbol{x}=\boldsymbol{y}\end{cases}$$

联立求得

$$\boldsymbol{y}=(3,0.5,-1)^{\mathrm{T}}$$

$$\boldsymbol{x}=(2,1,-1)^{\mathrm{T}}$$

4.5 三对角方程组的追赶法

设线性方程组 $Ax=b$ 的系数矩阵 A 为三对角矩阵，即

$$\boldsymbol{A}=\begin{pmatrix}e_1 & f_1 & & & & 0\\ d_2 & e_2 & f_2 & & & \\ & d_3 & e_3 & f_3 & & \\ & & \ddots & \ddots & \ddots & \\ & & & d_{n-1} & e_{n-1} & f_{n-1}\\ 0 & & & & d_n & e_n\end{pmatrix}$$

对 $\boldsymbol{A}$ 进行 $\boldsymbol{LU}$ 分解如下：

$$
\boldsymbol{A}=\begin{pmatrix}1 & & & & \\ l_2 & 1 & & & \\ & l_3 & 1 & & \\ & & \ddots & \ddots & \\ & & & l_n & 1\end{pmatrix}\begin{pmatrix}r_1 & f_1 & & & \\ & r_2 & f_2 & & \\ & & r_3 & \ddots & \\ & & & \ddots & f_{n-1} \\ & & & & r_n\end{pmatrix}
$$

由矩阵的乘法法则，可得

$$
\begin{cases}r_1=e_1 \\ l_i=\dfrac{d_i}{r_{i-1}}, \quad i=2,3,\cdots,n \\ r_i=e_i-l_i f_{i-1}, \quad i=2,3,\cdots,n\end{cases} \tag{4-5-1}
$$

求方程组 $\boldsymbol{Ax}=\boldsymbol{b}$ 的解等价于求解方程组

$$
\begin{cases}\boldsymbol{Ly}=\boldsymbol{b} \\ \boldsymbol{Ux}=\boldsymbol{y}\end{cases}
$$

其计算公式为：

$$
\begin{cases}y_1=b_1 \\ y_i=b_i-l_i y_{i-1}, \quad i=2,3,\cdots,n\end{cases} \tag{4-5-2}
$$

$$
\begin{cases}x_n=\dfrac{y_n}{r_n} \\ x_i=\dfrac{y_i-f_i x_{i+1}}{r_i}, \quad i=n-1,n-2,\cdots,1\end{cases} \tag{4-5-3}
$$

追赶法的实现需要满足 $r_i \neq 0,\ i=1,2,\cdots,n$。

例 4.4.1　用追赶法求解下面的三对角方程组

$$
\begin{pmatrix}2 & 1 & & \\ 4 & 4 & 1 & \\ & 4 & 4 & 1 \\ & & 4 & 4\end{pmatrix}\begin{pmatrix}x_1 \\ x_2 \\ x_3 \\ x_4\end{pmatrix}=\begin{pmatrix}2 \\ 8 \\ 15 \\ 20\end{pmatrix}
$$

解　将系数矩阵 A 进行 LU 分解，得

$$
\boldsymbol{A}=\begin{pmatrix}2 & 1 & & \\ 4 & 4 & 1 & \\ & 4 & 4 & 1 \\ & & 4 & 4\end{pmatrix}=\begin{pmatrix}1 & & & \\ l_2 & 1 & & \\ & l_3 & 1 & \\ & & l_4 & 1\end{pmatrix}\begin{pmatrix}r_1 & f_1 & & \\ & r_2 & f_2 & \\ & & r_3 & f_3 \\ & & & r_4\end{pmatrix}
$$

由式（4-5-1）得

$$
r_1=2, \quad f_1=f_2=f_3=1
$$

$$l_2=\frac{d_2}{r_1}=2,\quad r_2=e_2-l_2f_1=2$$

$$l_3=\frac{d_3}{r_2}=2,\quad r_3=e_3-l_3f_2=2$$

$$l_4=\frac{d_4}{r_3}=2,\quad r_4=e_4-l_4f_3=2$$

由 $\boldsymbol{Ly}=\boldsymbol{b}$ 得

$$\boldsymbol{y}=(2,4,7,6)^{\mathrm{T}}$$

又由 $\boldsymbol{Ux}=\boldsymbol{y}$，经计算得

$$\boldsymbol{x}=(0.5,1,2,3)^{\mathrm{T}}$$

4.6　习题 4

1. 实现矩阵 $\boldsymbol{A}=\begin{pmatrix}2 & 2 & 3\\ 4 & 7 & 7\\ -2 & 4 & 5\end{pmatrix}$ 的 $\boldsymbol{LU}$ 分解。

2. 利用 Gauss 列主元消去法求解如下方程组：

$$\begin{cases}x_1+2x_2+3x_3=-4\\ 2x_1+4x_2+5x_3=-7\\ x_1-x_2+4x_3=-2\end{cases}。$$

3. 实现矩阵 $\boldsymbol{A}=\begin{pmatrix}8 & 1 & 1\\ 1 & 5 & 2\\ 1 & 2 & 6\end{pmatrix}$ 的 $\boldsymbol{LU}$ 分解和 $\boldsymbol{QR}$ 分解。

4. 实现矩阵 $\boldsymbol{A}=\begin{pmatrix}3 & 0 & 2\\ 0 & 5 & 2\\ 2 & 2 & 6\end{pmatrix}$ 的 $\boldsymbol{LU}$ 分解和 $\boldsymbol{QR}$ 分解。

5. 用追赶法求解下面的三对角方程组

$$\begin{pmatrix}4 & 1 & & \\ 2 & 6 & 1 & \\ & 2 & 8 & 1\\ & & 2 & 10\end{pmatrix}\begin{pmatrix}x_1\\ x_2\\ x_3\\ x_4\end{pmatrix}=\begin{pmatrix}3\\ 7\\ 5\\ 3\end{pmatrix}$$

的解。

6. 用 Cholesky 分解法求方程组

$$A=\begin{pmatrix}6&1&1\\1&8&2\\1&2&10\end{pmatrix}\begin{pmatrix}x_1\\x_2\\x_3\end{pmatrix}=\begin{pmatrix}2\\5\\3\end{pmatrix}$$

的解。

7. 用追赶法求解线性方程组

$$\begin{pmatrix}6&-1&&\\-1&5&-1&\\&-1&4&-1\\&&-1&3\end{pmatrix}\begin{pmatrix}x_1\\x_2\\x_3\\x_4\end{pmatrix}=\begin{pmatrix}11\\23\\32\\64\end{pmatrix}$$

的解。

4.7　Matlab 程序设计（四）

4.7.1　基础实验

例 4.7.1　求矩阵$\begin{pmatrix}1&2&2\\2&4&1\\4&6&7\end{pmatrix}$的 ***LU*** 分解。

程序：

```
>> A=[1,2,2;2,4,1;4,6,7];
>> [l,u]=lu(A)
```

运行结果：

```
l =
    0.2500     0.5000     1.0000
    0.5000     1.0000          0
    1.0000          0          0
u =
    4.0000     6.0000     7.0000
         0     1.0000    -2.5000
         0          0     1.5000
```

例 4.7.2　求矩阵$\begin{pmatrix}3&2&2\\2&8&1\\6&6&7\end{pmatrix}$的 ***LU*** 分解，说明是否能做 ***QR*** 分解，如果能做，求出它的 QR 分解。

解　首先，对矩阵进行 LU 分解（两种形式）：

程序：

```
>> A=[3 2 2;2,8,1;6 6 7];
>> [l,u,p]=lu(A)
l =
    1.0000         0         0
    0.3333    1.0000         0
    0.5000   -0.1667    1.0000
u =
    6.0000    6.0000    7.0000
         0    6.0000   -1.3333
         0         0   -1.7222
p =
     0     0     1
     0     1     0
     1     0     0
>> [l,u]=lu(A)
l =
    0.5000   -0.1667    1.0000
    0.3333    1.0000         0
    1.0000         0         0
u =
    6.0000    6.0000    7.0000
         0    6.0000   -1.3333
         0         0   -1.7222
```

A 能做 ***QR*** 分解，分解如下：

程序：

```
>> A=[3 2 2;2 8 1;6 6 7];
>> [q,r]=qr(A)
```

运行结果：

```
q =
   -0.4286    0.2609   -0.8650
   -0.2857   -0.9474   -0.1442
   -0.8571    0.1854    0.4806
r =
   -7.0000   -8.2857   -7.1429
         0   -5.9453    0.8719
         0         0    1.4898
```

例 4.7.3　用追赶法求解线性方程组

$$\begin{pmatrix} 5 & -1 & & \\ -1 & 5 & -1 & \\ & -1 & 5 & -1 \\ & & -1 & 5 \end{pmatrix}\begin{pmatrix} x_1 \\ x_2 \\ x_3 \\ x_4 \end{pmatrix}=\begin{pmatrix} 1 \\ 2 \\ 3 \\ 4 \end{pmatrix}$$

程序：

```
n=4;
a=[0,-1,-1,-1];b=[5,5,5,5];c=[-1,-1,-1,0];
x=[1,2,3,4]
s=zeros(n,1);    t=s;
temp=0;
for k=1:n
     s(k)=b(k)-a(k)*temp;
     t(k)=c(k)/s(k);    temp=t(k);
end
temp=0;
for k=1:n
     x(k)=(x(k)-a(k)*temp)/s(k);
    temp=x(k);
end
for k=n-1:-1:1
     x(k)=x(k)-t(k)*x(k+1);
end
     fprintf('\nx =\n');
for k=1:n
     fprintf('    %f \n',x(k));
end
```

运行结果：

```
x =
    0.330309
    0.651543
    0.927405
    0.985481
```

4.7.2　动手提高

实验一　利用追赶法求解线性方程组

$$\begin{pmatrix} 78 & 34 & & \\ 34 & 85 & 23 & \\ & 23 & 65 & 12 \\ & & 12 & 35 \end{pmatrix}\begin{pmatrix} x_1 \\ x_2 \\ x_3 \\ x_4 \end{pmatrix}=\begin{pmatrix} 15\,415 \\ 24\,235 \\ 24\,324 \\ 24\,251 \end{pmatrix}。$$

实验二 利用 Gauss 列主元消去法求解方程组

$$\begin{cases} 456x_1+276x_2+312x_3=437\,563 \\ 32\,532x_1+4322x_2+23\,465x_3=3456 \\ 1312x_1+24\,546x_2+24\,523x_3=3\,653\,234 \end{cases}。$$

4.8 大数学家——勒让德（Legendre）

勒让德，法国数学家。公元 1752 年出生于巴黎，约 1770 年毕业于马扎兰学院。1775 年任巴黎军事学院数学教授。1782 年以《关于阻尼介质中的弹道研究》获柏林科学院奖金，次年当选为巴黎科学院院士。1787 年成为伦敦皇家学会会员。公元 1833 年卒于同地。

勒让德出身于一个富裕家庭，就读于巴黎的马扎林学院。他受过科学教育，特别是数学方面的高等教育。他的数学老师阿贝是一个小有名气并且在宫庭中受到尊敬的数学家。1770 年勒让德 18 岁时，就在阿贝的主持下通过了数学和物理方面的毕业论文答辩。他的经济条件足以使他全力以赴地从事科学研究工作。但尽管如此，他还是在 1775 年到 1780 年在巴黎的军事学校教过数学。他的研究工作受到科学界的注意，并在 1782 年获得柏林科学院的奖励。1783 年 3 月 30 日，他取代拉普拉斯作为一名力学副研究员被选进科学院，1785 年被提升为合作院士。1787 年，他被科学院指派担任巴黎和格林尼治天文台联合进行的大地测量工作，并加入了皇家学会。1790 年前后，与一位 19 岁的姑娘库塞结婚。1791 年 4 月 13 日，他被任命为一个三人委员会的委员，设置该委员会的目的是解决为确立标准米而进行的天文运算和三角测量问题。1793 年科学院被查禁，他被迫隐居，他的年轻妻子帮助他创造了一个安静的环境，使他可以继续从事研究工作。

1794 年，巴黎行政区的公众教育委员会任命勒让德为马拉专科学校的纯粹数学教授。不久该校解散，他又担任公众教育国家执行委员会第一办公室主任，领导处理度量衡、发明创造以及对科学工作者的奖励等事宜，不久成为该委员会的高级秘书。1799 年，他继拉普拉斯之后在巴黎综合工科学校担任研究生答辩的数学主考人。1815 年辞职，得到一笔 3000 法郎的养老金。1813 年，拉格朗日去世，由勒让德取代了他在经度局的位置，并在那里终其余生。

勒让德在数学方面的贡献，首先表现在椭圆函数论。有许多理由足以说明他是椭圆函数论的奠基人。在他之前，麦克劳林和达朗贝尔曾研究过可以用椭圆或双曲线的弧表示的积分。法尼亚诺在 1716 年曾证明，对任意给定的椭圆或双曲线，可以用无穷多种方法指定两条弧，使得其差等于一个代数量。他还证明过，伯努利双纽线 $(x+y)=a(x-y)$ 的弧能够像圆弧那样被代数地加以乘、除。这是椭圆积分简单应用的第一个说明。这一积分被勒让德记作 $F(x)$，他认为用它可以决定所有其他的积分。从法尼亚诺的研究出发，欧拉着手处理更一般的椭圆积分，并得出了第一类和第二类椭圆积分的加法定理。1768 年，拉格朗日把欧拉的发现纳入通常的分析程序。1775 年，兰登又证明了双曲线的每一条弧能够用一个椭圆的两条弧来度量。1786 年，勒让德出版了他的关于椭圆弧的积分的著作。其中第一部分是在他知道兰登的发现之前就已写出的。他避免应用双曲线的弧，而采用作一个适当构造的椭圆弧的表的办法来代替。他给出兰登定理的一个新的解释，并且用同一方法证明了每一个给定的椭圆是一个无限多的椭圆序列的一部分。求出两个任意选定的椭圆的周长，就可以求得所有其他椭圆的周长。有了这条定理，就有可能把一个给定椭圆的求长问题化成两个其他的和圆相差任意小的椭圆的求长问题。不过一般形式的超椭圆函数理论，需要系统的处理。这正是勒让德在他的《关于椭圆超越性的论文》一文中所提供的。他提出对这一类型的所有函数应进行比较，将其区别归类，把每一个变成可能的最简形式，并利用最容易、最快速的近似法对其求值，进而作为一个整体从理论上建立一个算法系统。

勒让德的科学活动从大约 1770 年起到 1832 年止，在 18 和 19 世纪各从事了 30 年。他是拉格朗日的一位杰出的门徒，也超过了欧拉的所有弟子。他和当时其他数学家一样，既处理抽象数学，也研究数学在宇宙系统中的应用。他的著作是过渡性的，很快就陈旧了。但尽管如此，他仍是一位不平凡的计算工作者，一位熟练的分析学家，而且总的说来，是一位优秀的数学家，特别在椭圆函数论和数论方面做出了杰出的贡献。

第 5 章　线性方程组的迭代法

迭代是重复计算过程的活动，其目的是为了逼近所需的精确解。每一次对过程的重复称为一次"迭代"，而每一次迭代得到的结果会作为下一次迭代的初始值。迭代算法是用计算机解决问题的一种基本方法。它利用计算机运算速度快、适合做重复操作的特点，让计算机对一定的步骤进行重复执行，在每次执行这些步骤时，都从变量的原值推出它的一个新值。

考虑线性方程组

$$\boldsymbol{A}\boldsymbol{x}=\boldsymbol{b}$$

这里 $\boldsymbol{A}$ 为非奇异矩阵，当 $\boldsymbol{A}$ 为低阶稠密矩阵时，选主元消去法是解线性方程组的有效方法。但是，由工程技术中产生的大型稀疏矩阵方程组，利用迭代法求解线性方程组是合适的。本章将介绍迭代法常用的一些范数基本理论、Jacobi 迭代法和 Gauss-Seidel 迭代法。

5.1　向量范数与矩阵范数

在求解线性方程组时，通常需要分析解向量的误差，比较误差向量的大小，我们就需要引入某个度量对其进行比较，范数就是一种很好的度量。

5.1.1　向量范数

定义 5.1.1　设向量 $\boldsymbol{x}\in \boldsymbol{R}^n$，若有实数 $\|\cdot\|$ 与之对应且满足：

（1）正定性：对于 $\forall \boldsymbol{x}\in \boldsymbol{R}^n$，$\|\boldsymbol{x}\|\geqslant \boldsymbol{0}$，当且仅当 $\boldsymbol{x}=0$ 时，$\|\boldsymbol{x}\|=\boldsymbol{0}$；

（2）齐次性：对任意实数 α，$\|\alpha \boldsymbol{x}\|=|\alpha|\cdot\|\boldsymbol{x}\|$；

（3）三角不等式：$\forall \boldsymbol{x},\boldsymbol{y}\in \boldsymbol{R}^n$，有 $\|\boldsymbol{x}+\boldsymbol{y}\|\leqslant\|\boldsymbol{x}\|+\|\boldsymbol{y}\|$ 成立，则称 $\|\boldsymbol{x}\|$ 是向量 $\boldsymbol{x}$ 的范数。

向量范数的性质：

（1）$\boldsymbol{x}\neq 0$，有 $\left\|\dfrac{\boldsymbol{x}}{\|\boldsymbol{x}\|}\right\|=1$

（2）$\|-\boldsymbol{x}\|=\|\boldsymbol{x}\|$

（3）$\big|\|\boldsymbol{x}\|-\|\boldsymbol{y}\|\big|\leqslant\|\boldsymbol{x}-\boldsymbol{y}\|$

我们下面给出性质（3）的证明过程。

证明　由

$$\|\boldsymbol{x}\|=\|(\boldsymbol{x}-\boldsymbol{y})+\boldsymbol{y}\|\leqslant\|\boldsymbol{x}-\boldsymbol{y}\|+\|\boldsymbol{y}\|$$

从而得到 $\|\boldsymbol{x}-\boldsymbol{y}\|\geqslant\|\boldsymbol{x}\|-\|\boldsymbol{y}\|$。又因为

$$\| y \| = \| (x-y)+x \| \leqslant \| y-x \| + \| x \|$$

从而得到$\| y-x \| \geqslant \| y \| - \| x \|$，即$\| x-y \| \geqslant \| y \| - \| x \|$。两式结合，有

$$\| x-y \| \geqslant \big| \| x \| - \| y \| \big|$$

下面我们介绍几种常见的向量范数，设$\boldsymbol{x}=(x_1,x_2,\cdots,x_n)^{\mathrm{T}} \in \boldsymbol{R}^n$，

（1）向量1－范数：$\| \boldsymbol{x} \|_1 = \sum_{i=1}^{n} | x_i |$

（2）向量 2－范数：$\| \boldsymbol{x} \|_2 = \left(\sum_{i=1}^{n} | x_i |^2 \right)^{\frac{1}{2}}$

（3）向量∞－范数：$\| \boldsymbol{x} \|_\infty = \max\limits_{1\leqslant i\leqslant n} \{ | x_i | \}$

（4）向量 p－范数：$\| \boldsymbol{x} \|_p = \left(\sum_{i=1}^{n} | x_i |^p \right)^{\frac{1}{p}}$

例 5.1.1　设向量$\boldsymbol{x}=(3,-1,4)^{\mathrm{T}}$，求向量的 1 范，2 范，∞范。

解

$$\| \boldsymbol{x} \|_1 = | 3 | + | -1 | + | 4 | = 8$$

$$\| \boldsymbol{x} \|_2 = [3^2 + (-1)^2 + 4^2]^{\frac{1}{2}} = \sqrt{26}$$

$$\| \boldsymbol{x} \|_\infty = \max\{ | 3 |, | -1 |, | 4 | \} = 4$$

定义 5.1.2　设$\{\boldsymbol{x}^{(k)}\}$为$\boldsymbol{R}^n$中的一个向量序列，$\boldsymbol{x}^* \in \boldsymbol{R}^n$，记

$$\boldsymbol{x}^{(k)} = (x_1^{(k)}, x_2^{(k)}, \cdots, x_n^{(k)})^{\mathrm{T}}$$

$$\boldsymbol{x}^* = (x_1^*, x_2^*, \cdots, x_n^*)^{\mathrm{T}}$$

如果

$$\lim_{k\to\infty} x_i^{(k)} = x_i^*,\quad (i=1,2,\cdots,n)$$

则称$\boldsymbol{x}^{(k)}$收敛于向量$\boldsymbol{x}^*$，记为$\lim\limits_{k\to\infty} \boldsymbol{x}^{(k)} = \boldsymbol{x}^*$。

定理 5.1.1　设$\lim\limits_{k\to\infty} \boldsymbol{x}^{(k)} = \boldsymbol{x}^* \Leftrightarrow \lim\limits_{k\to\infty} \| \boldsymbol{x}^{(k)} - \boldsymbol{x}^* \| = 0$，其中$\| \cdot \|$为任意一种向量范数。

定理 5.1.2　向量范数$\| \boldsymbol{x} \|$是$\boldsymbol{x}$的各个分量的连续函数。

定理 5.1.3　设$\| \boldsymbol{x} \|_s$，$\| \boldsymbol{x} \|_t$是$\boldsymbol{R}^n$上的任意的两种向量范数，则存在m,M与x无关，使得对于一切的$x \in R^n$，有

$$m\|\boldsymbol{x}\|_s \leqslant \|\boldsymbol{x}\|_t \leqslant M\|\boldsymbol{x}\|_s \tag{5-1-1}$$

5.1.2　矩阵范数

定义 5.1.3　若$\boldsymbol{R}^{n\times n}$上的某个实值函数$\| \cdot \|$满足：

（1）正定性：$\forall \boldsymbol{A} \in \boldsymbol{R}^n$，$\| \boldsymbol{A} \| \geqslant 0$，且$\| \boldsymbol{A} \| = 0$当且仅当$\boldsymbol{A}=0$

（2）齐次性：对任意实数 α，$\|\alpha \boldsymbol{A}\|=|\alpha|\cdot\|\boldsymbol{A}\|$

（3）三角不等式：$\forall \boldsymbol{A},\boldsymbol{B}\in \boldsymbol{R}^n$，有 $\|\boldsymbol{A}+\boldsymbol{B}\|\leqslant\|\boldsymbol{A}\|+\|\boldsymbol{B}\|$ 成立

（4）相容性：$\forall \boldsymbol{A},\boldsymbol{B}\in \boldsymbol{R}^{n\times n}$，有 $\|\boldsymbol{AB}\|\leqslant\|\boldsymbol{A}\|\cdot\|\boldsymbol{B}\|$

则称 $\|\cdot\|$ 为 $\boldsymbol{R}^{n\times n}$ 上的一个矩阵范数。

定义 5.1.4 设向量 $\boldsymbol{x}\in \boldsymbol{R}^n$，矩阵 $\boldsymbol{A}\in \boldsymbol{R}^{n\times n}$，我们给定一个向量范数 $\|\boldsymbol{x}\|$，定义矩阵 $\|\boldsymbol{A}\|$ 的一个实值函数

$$\|\boldsymbol{A}\|=\max_{\boldsymbol{x}\neq 0}\frac{\|\boldsymbol{Ax}\|}{\|\boldsymbol{x}\|}=\max_{\|\boldsymbol{x}\|=1}\|\boldsymbol{Ax}\| \tag{5-1-2}$$

称 $\|\boldsymbol{A}\|$ 为向量范数 $\|\cdot\|$ 的从属函数。

定理 5.1.4 设 $\boldsymbol{A}\in \boldsymbol{R}^{n\times n}$，有

（1）$\|\boldsymbol{A}\|_1=\max\limits_{1\leqslant j\leqslant n}\sum\limits_{i=1}^{n}|a_{ij}|$（称为 $\boldsymbol{A}$ 的 1 范或列和范数）

（2）$\|\boldsymbol{A}\|_2=\sqrt{\lambda_{\max}(\boldsymbol{A}^{\mathrm{T}}\boldsymbol{A})}$（称为 $\boldsymbol{A}$ 的 2 范数），其中 $\lambda_{\max}(\boldsymbol{A}^{\mathrm{T}}\boldsymbol{A})$ 是矩阵 $\boldsymbol{A}^{\mathrm{T}}\boldsymbol{A}$ 的最大特征值。

（3）$\|\boldsymbol{A}\|_\infty=\max\limits_{1\leqslant i\leqslant n}\sum\limits_{j=1}^{n}|a_{ij}|$（称为 $\boldsymbol{A}$ 的无穷范数或行和范数）。

例 5.1.2 求矩阵

$$\boldsymbol{A}=\begin{pmatrix}1 & 2\\ 3 & 4\end{pmatrix}$$

的 1-范，2-范和 ∞-范。

解 1-范：$\|\boldsymbol{A}\|_1=\max\{1+3,2+4\}=6$

2-范：$\boldsymbol{A}^{\mathrm{T}}=\begin{pmatrix}1 & 3\\ 2 & 4\end{pmatrix}$，$\boldsymbol{A}^{\mathrm{T}}\boldsymbol{A}=\begin{pmatrix}10 & 14\\ 14 & 20\end{pmatrix}$

由 $|\lambda \boldsymbol{I}-\boldsymbol{A}^{\mathrm{T}}\boldsymbol{A}|$，得

$$\lambda^2-30\lambda+4=0$$

解得 $\lambda_1\approx 29.866$，$\lambda_2\approx 0.134$。因此

$$\|\boldsymbol{A}\|_2\approx\sqrt{29.866}\approx 5.465$$

∞-范：$\|\boldsymbol{A}\|_\infty=\max\{1+2,3+4\}=7$

定义 5.1.5 设 $\boldsymbol{A}\in \boldsymbol{R}^{n\times n}$ 的特征值为 $\lambda_1,\lambda_2,\cdots,\lambda_n$，则称 $\max\limits_{1\leqslant i\leqslant n}|\lambda_i|$ 为 $\boldsymbol{A}$ 的谱半径，记为 $\rho(\boldsymbol{A})$，即

$$\rho(\boldsymbol{A})=\max_{1\leqslant i\leqslant n}|\lambda_i| \tag{5-1-3}$$

定理 5.1.5 设 $\boldsymbol{A}\in \boldsymbol{R}^{n\times n}$，则对于一种矩阵范数 $\boldsymbol{A}$，均有

$$\rho(\boldsymbol{A})\leqslant\|\boldsymbol{A}\| \tag{5-1-4}$$

证明　设λ为$\boldsymbol{A}$的任一特征值，由定义可知，存在$\boldsymbol{x}\neq 0$，使得$\boldsymbol{Ax}=\lambda\boldsymbol{x}$，两边取范数，得

$$|\lambda|\cdot\|\boldsymbol{A}\|=\|\lambda\boldsymbol{x}\|=\|\boldsymbol{Ax}\|\leqslant\|\boldsymbol{A}\|\cdot\|\boldsymbol{x}\|$$

因为$\|\boldsymbol{x}\|\neq 0$，所以两边消去$\|\boldsymbol{x}\|$，得$|\lambda|\leqslant\|\boldsymbol{A}\|$，即得到$\rho(\boldsymbol{A})\leqslant\|\boldsymbol{A}\|$。

定理 5.1.6　设$\boldsymbol{A}\in\boldsymbol{R}^{n\times n}$，则$\boldsymbol{A}^k\to 0\ (k\to\infty)$的充要条件是$\boldsymbol{A}$的谱半径$\rho(\boldsymbol{A})<1$。

5.2　简单迭代法

首先，举一个例子介绍简单迭代法的基本思想。

例 5.2.1　求解方程组

$$\begin{cases}8x_1-3x_2+2x_3=20\\4x_1+11x_2-x_3=33\\6x_1+3x_2+12x_3=36\end{cases}\tag{5-2-1}$$

解　记为$\boldsymbol{Ax}=\boldsymbol{b}$，其中

$$\boldsymbol{A}=\begin{pmatrix}8&-3&2\\4&11&-1\\6&3&12\end{pmatrix},\quad \boldsymbol{x}=\begin{pmatrix}x_1\\x_2\\x_3\end{pmatrix},\quad \boldsymbol{b}=\begin{pmatrix}20\\33\\36\end{pmatrix}$$

此方程组的精确解是$\boldsymbol{x}^*=(3,2,1)^{\mathrm{T}}$。现将线性方程组（5-2-1）改写为

$$\begin{cases}x_1=\dfrac{1}{8}(3x_2-2x_3+20)\\[2mm]x_2=\dfrac{1}{11}(-4x_1+x_3+33)\\[2mm]x_3=\dfrac{1}{12}(-6x_1-3x_2+36)\end{cases}\tag{5-2-2}$$

或写为$\boldsymbol{x}=\boldsymbol{B}_0\boldsymbol{x}+\boldsymbol{f}$，其中

$$\boldsymbol{B}_0=\begin{pmatrix}0&\dfrac{3}{8}&-\dfrac{2}{8}\\[2mm]-\dfrac{4}{11}&0&\dfrac{1}{11}\\[2mm]-\dfrac{6}{12}&-\dfrac{3}{12}&0\end{pmatrix},\quad \boldsymbol{f}=\begin{pmatrix}\dfrac{20}{8}\\[2mm]\dfrac{33}{11}\\[2mm]\dfrac{36}{12}\end{pmatrix}$$

取初始值$\boldsymbol{x}^{(0)}=(0,0,0)^{\mathrm{T}}$，将这些值代入（5-2-2）式右边，得到一组新值$\boldsymbol{x}^{(1)}=(x_1^{(1)},x_2^{(1)},x_3^{(1)})^{\mathrm{T}}=(3.5,3,3)^{\mathrm{T}}$，再将$\boldsymbol{x}^{(1)}$分量代入（5-2-2）式右边得到$\boldsymbol{x}^{(2)}$，重复上述过程，得到一向量序列和一般的迭代公式

$$\boldsymbol{x}^{(0)}=\begin{pmatrix}x_1^{(0)}\\x_2^{(0)}\\x_3^{(0)}\end{pmatrix},\ \boldsymbol{x}^{(1)}=\begin{pmatrix}x_1^{(1)}\\x_2^{(1)}\\x_3^{(1)}\end{pmatrix},\ \boldsymbol{x}^{(k)}=\begin{pmatrix}x_1^{(k)}\\x_2^{(k)}\\x_3^{(k)}\end{pmatrix}$$

$$\begin{cases}x_1^{(k+1)}=(3x_2^{(k)}-2x_3^{(k)}+20)/8\\x_2^{(k+1)}=(-4x_1^{(k)}+x_3^{(k)}+33)/11\\x_3^{(k+1)}=(-6x_1^{(k)}-3x_2^{(k)}+36)/12\end{cases}\tag{5-2-3}$$

简写为

$$\boldsymbol{x}^{(k+1)}=\boldsymbol{B}_0\boldsymbol{x}^{(k)}+\boldsymbol{f}$$

其中 k 表示迭代次数 $(k=0,1,2,\cdots)$。

迭代到第 10 次有

$$\boldsymbol{x}^{(10)}=(3.000\,032,\ 1.999\,874,\ 0.999\,881)^{\mathrm{T}}$$

$$\|\boldsymbol{\varepsilon}^{(10)}\|_\infty=\|\boldsymbol{x}^{(10)}-\boldsymbol{x}^*\|_\infty=0.000\,125$$

从上面例子看出，由迭代法产生的向量序列 $\boldsymbol{x}^{(k)}$ 逼近于方程组的精确解 $\boldsymbol{x}^*$。

对于任何一个方程组 $\boldsymbol{x}=\boldsymbol{B}\boldsymbol{x}+\boldsymbol{f}$，由迭代法产生的向量序列 $\boldsymbol{x}^{(k)}$ 是否一定逐步逼近方程组的解 $\boldsymbol{x}^*$ 呢？这就需要满足一定的条件。

对于线性方程组 $\boldsymbol{x}=\boldsymbol{B}\boldsymbol{x}+\boldsymbol{f}$，假设有唯一解 $\boldsymbol{x}^*$，则

$$\boldsymbol{x}^*=\boldsymbol{B}\boldsymbol{x}^*+\boldsymbol{f}\tag{5-2-4}$$

又设 $\boldsymbol{x}^{(0)}$ 为任取的初始向量，按下述公式构造向量序列

$$\boldsymbol{x}^{(k+1)}=\boldsymbol{B}\boldsymbol{x}^{(k)}+\boldsymbol{f},\quad k=0,1,2,\cdots\tag{5-2-5}$$

其中 k 表示迭代次数。

定义 5.2.1 （1）对于给定的线性方程组 $\boldsymbol{x}=\boldsymbol{B}\boldsymbol{x}+\boldsymbol{f}$，用公式（5-2-5）逐步代入求近似解的方法称为迭代法。

（2）如果 $\lim\limits_{k\to\infty}\boldsymbol{x}^{(k)}=\boldsymbol{x}^*$，称此迭代法收敛，否则称此迭代法发散。

由上述讨论，需要研究 $\{\boldsymbol{x}^{(k)}\}$ 的收敛性。引进误差向量

$$\boldsymbol{\varepsilon}^{(k+1)}=\boldsymbol{x}^{(k+1)}-\boldsymbol{x}^*$$

由（5-2-5）减去（5-2-4）式，得 $\boldsymbol{\varepsilon}^{(k+1)}=\boldsymbol{B}\boldsymbol{\varepsilon}^{(k)}(k=0,1,2,\cdots)$，递推得

$$\boldsymbol{\varepsilon}^{(\mathrm{k})}=\boldsymbol{B}\boldsymbol{\varepsilon}^{(k-1)}=\cdots=\boldsymbol{B}^{\mathrm{k}}\boldsymbol{\varepsilon}^{(0)}$$

因此要考察 $\{\boldsymbol{x}^{(k)}\}$ 的收敛性，就要研究 $\boldsymbol{B}$ 在什么条件下有 $\lim\limits_{k\to\infty}\boldsymbol{\varepsilon}^{(k)}=0$，即要研究 B 满足什么条件时有 $\boldsymbol{B}^k\to 0\ (k\to\infty)$。

5.2.1 迭代法及其收敛性

设线性方程组

$$\boldsymbol{Ax}=\boldsymbol{b}$$

其中 $\boldsymbol{A}=(a_{ij})\in\boldsymbol{R}^{n\times n}$ 为非奇异矩阵，下面研究如何建立 $\boldsymbol{Ax}=\boldsymbol{b}$ 的迭代法。

将 $\boldsymbol{A}$ 分裂为

$$\boldsymbol{A}=\boldsymbol{M}-\boldsymbol{N}$$

其中 $\boldsymbol{M}$ 为可选择的非奇异矩阵，且使 $\boldsymbol{Mx}=\boldsymbol{d}$，容易求解，一般选择为 $\boldsymbol{A}$ 的某种近似，称 $\boldsymbol{M}$ 为分裂矩阵。

于是，求解 $\boldsymbol{Ax}=\boldsymbol{b}$ 转化为求解 $\boldsymbol{Mx}=\boldsymbol{Nx}+\boldsymbol{b}$，即

$$\boldsymbol{Ax}=\boldsymbol{b}\Leftrightarrow \text{求解 } \boldsymbol{x}=\boldsymbol{M}^{-1}\boldsymbol{Nx}+\boldsymbol{M}^{-1}\boldsymbol{b}$$

也就是求解线性方程组

$$\boldsymbol{x}=\boldsymbol{Bx}+\boldsymbol{f} \tag{5-2-6}$$

从而可构造一阶常迭代法：

$$\begin{cases}\text{选取}x^{(0)},\\ \boldsymbol{x}^{(k+1)}=\boldsymbol{Bx}^{(k)}+\boldsymbol{f},\ \ k=1,2,\cdots\end{cases} \tag{5-2-7}$$

其中 $\boldsymbol{B}=\boldsymbol{M}^{-1}\boldsymbol{N}=\boldsymbol{M}^{-1}(\boldsymbol{M}-\boldsymbol{A})=\boldsymbol{I}-\boldsymbol{M}^{-1}\boldsymbol{A},\ \boldsymbol{f}=\boldsymbol{M}^{-1}\boldsymbol{b}$，称 $\boldsymbol{B}=\boldsymbol{I}-\boldsymbol{M}^{-1}\boldsymbol{A}$ 为迭代法的迭代矩阵，因此选取不同的 $\boldsymbol{M}$ 阵，就得到解 $\boldsymbol{Ax}=\boldsymbol{b}$ 的各种迭代格式。

下面给出迭代法（5-2-7）式收敛的充分必要条件。

定理 5.2.1　给定线性方程组（5-2-6）及一阶常迭代法（5-2-7），任意选取初始向量 $\boldsymbol{x}^{(0)}$，迭代法收敛的充要条件是矩阵 $\boldsymbol{B}$ 的谱半径 $\rho(\boldsymbol{B})<1$。

证明　充分性：设 $\rho(\boldsymbol{B})<1$，易知 $\boldsymbol{Ax}=\boldsymbol{f}$ 有唯一解，记为 $\boldsymbol{x}^*$，则

$$\boldsymbol{x}^*=\boldsymbol{Bx}^*+\boldsymbol{f}$$

误差向量

$$\boldsymbol{\varepsilon}^{(k)}=\boldsymbol{x}^{(k)}-\boldsymbol{x}^*=\boldsymbol{B}^k\boldsymbol{\varepsilon}^{(0)},\ \ \boldsymbol{\varepsilon}^{(0)}=\boldsymbol{x}^{(0)}-\boldsymbol{x}^*$$

由条件 $\rho(\boldsymbol{B})<1$，有 $\lim\limits_{k\to\infty}\boldsymbol{B}^k=\boldsymbol{0}$。于是对任意 $x^{(0)}$ 有 $\lim\limits_{k\to\infty}\boldsymbol{\varepsilon}^k=\boldsymbol{0}$，即 $\lim\limits_{k\to\infty}\boldsymbol{x}^{(k)}=\boldsymbol{x}^*$。

必要性：设对于任意 $x^{(0)}$ 有

$$\lim_{k\to\infty}\boldsymbol{x}^{(k)}=\boldsymbol{x}^*$$

其中 $\boldsymbol{x}^{(k+1)}=\boldsymbol{Bx}^{(k)}+\boldsymbol{f}$。显然极限 $\boldsymbol{x}^*$ 是线性方程组（5-2-6）的解，且对任意 $\boldsymbol{x}^{(0)}$ 有

$$\boldsymbol{\varepsilon}^{(k)}=\boldsymbol{x}^{(k)}-\boldsymbol{x}^*=\boldsymbol{B}^k\boldsymbol{\varepsilon}^{(0)}\to\boldsymbol{0}\ \ (k\to\infty)$$

可得

$$\lim_{k\to\infty}\boldsymbol{B}^k=\boldsymbol{0}$$

所以有 $\rho(\boldsymbol{B})<1$。

定理 5.2.1 是一阶常迭代法的基本定理。

例 5.2.2 考察用迭代法解线性方程组

$$x^{(k+1)} = Bx^{(k)} + f$$

的收敛性，其中 $B = \begin{pmatrix} 0 & 2 \\ 3 & 0 \end{pmatrix}$，$f = \begin{pmatrix} 5 \\ 5 \end{pmatrix}$。

解 特征方程为 $\det(\lambda I - B) = \lambda^2 - 6 = 0$，特征根 $\lambda_{1,2} = \pm\sqrt{6}$，即 $\rho(B) > 1$。这说明用迭代法解此方程组不收敛。

迭代法的基本定理在理论上是重要的，由于 $\rho(B) < \|B\|$，所以也可以利用矩阵 B 的范数建立判别迭代法收敛的充分条件。

定理 5.2.2（迭代法收敛的充分条件） 有线性方程组

$$x = Bx + f \text{，} \quad B \in R^{n\times n}$$

及一阶定常迭代法

$$x^{(k+1)} = Bx^{(k)} + f$$

如果有 B 的某种算子范数 $\|B\| = q < 1$，则

（1）迭代法收敛，即对任取 $x^{(0)}$ 有

$$\lim_{k\to\infty} x^{(k)} = x^* \text{，且} \quad x^* = Bx^* + f$$

（2）$\|x^* - x^{(k)}\| \leqslant q^k \|x^* - x^{(0)}\|$

（3）$\|x^* - x^{(k)}\| \leqslant \dfrac{q}{1-q}\|x^{(k)} - x^{(k-1)}\|$

（4）$\|x^* - x^{(k)}\| \leqslant \dfrac{q^k}{1-q}\|x^{(1)} - x^{(0)}\|$

证明 由基本定理知，结论（1）是显然的。由关系式 $x^* - x^{(k+1)} = B(x^* - x^{(k)})$ 及

$$x^{(k+1)} - x^{(k)} = B(x^{(k)} - x^{(k-1)})$$

于是有

$$\|x^{(k+1)} - x^{(k)}\| \leqslant q\|x^{(k)} - x^{(k-1)}\| \tag{5-2-8}$$

$$\|x^* - x^{(k+1)}\| \leqslant q\|x^* - x^{(k)}\| \tag{5-2-9}$$

反复利用（5-2-9）即得结论（2）。考查

$$\|x^{(k+1)} - x^{(k)}\| = \|x^* - x^{(k)} - (x^* - x^{(k+1)})\| \geqslant \|x^* - x^{(k)}\| - \|x^* - x^{(k+1)}\| \geqslant (1-q)\|x^* - x^{(k)}\|$$

即有

$$\|x^* - x^{(k)}\| \leqslant \frac{1}{1-q}\|x^{(k+1)} - x^{(k)}\| \leqslant \frac{q}{1-q}\|x^{(k)} - x^{(k-1)}\|$$

由结论（3）并反复利用（5-2-8），则得到结论（4）。

5.3　Jacobi 迭代法

假设线性方程组 $\boldsymbol{Ax}=\boldsymbol{b}$ 中的系数矩阵为 $\boldsymbol{A}=(a_{ij})\in\boldsymbol{R}^{n\times n}$，将 $\boldsymbol{A}$ 分成三部分

$$\boldsymbol{A}=\begin{pmatrix} a_{11} & & & \\ & a_{22} & & \\ & & \ddots & \\ & & & a_{nn} \end{pmatrix}-\begin{pmatrix} 0 & & & & \\ -a_{21} & 0 & & & \\ \vdots & \vdots & \ddots & & \\ -a_{n-1,1} & -a_{n-1,2} & \cdots & 0 & \\ -a_{n1} & -a_{n2} & \cdots & -a_{n,n-1} & 0 \end{pmatrix}-$$

$$\begin{pmatrix} 0 & -a_{12} & \cdots & -a_{1,n-1} & -a_{1n} \\ & 0 & \cdots & -a_{2,n-1} & -a_{2n} \\ & & \ddots & \vdots & \vdots \\ & & & 0 & -a_{n-1,n} \\ & & & & 0 \end{pmatrix}$$

$$\equiv \boldsymbol{D}-\boldsymbol{L}-\boldsymbol{U} \tag{5-3-1}$$

设 $a_{ii}\neq 0\ (i=1,2,\cdots,n)$，选取 $\boldsymbol{M}$ 为 $\boldsymbol{A}$ 的对角矩阵 $\boldsymbol{D}$，即 $\boldsymbol{A}=\boldsymbol{D}-\boldsymbol{N}$，由（5-2-7）式得到解 $\boldsymbol{Ax}=\boldsymbol{b}$ 的 Jacobi 迭代法

$$\begin{cases} \boldsymbol{x}^{(0)}, \\ \boldsymbol{x}^{(k+1)}=\boldsymbol{Bx}^{(k)}+\boldsymbol{f},\ \ k=1,2,\cdots \end{cases} \tag{5-3-2}$$

其中 $\boldsymbol{J}=\boldsymbol{I}-\boldsymbol{D}^{-1}\boldsymbol{A}=\boldsymbol{D}^{-1}(\boldsymbol{L}+\boldsymbol{U}),\boldsymbol{f}=\boldsymbol{D}^{-1}\boldsymbol{b}$，称 $\boldsymbol{J}$ 为解 $\boldsymbol{Ax}=\boldsymbol{b}$ 的 Jacobi 迭代法的迭代矩阵。

下面给出 Jacobi 迭代法（5-3-2）的分量计算公式，记

$$\boldsymbol{x}^{(k)}=(x_1^{(k)},\cdots,x_i^{(k)},\cdots,x_n^{(k)})^T$$

由 Jacobi 迭代公式（5-3-2）有

$$\boldsymbol{Dx}^{(k+1)}=(\boldsymbol{L}+\boldsymbol{U})\boldsymbol{x}^{(k)}+\boldsymbol{b}$$

或

$$a_{ii}x_i^{(k+1)}=-\sum_{j=1}^{i-1}a_{ij}x_j^{(k)}-\sum_{j=i+1}^{n}a_{ij}x_j^{(k)}+b,\qquad i=1,2,\cdots,n$$

于是解 $\boldsymbol{Ax}=\boldsymbol{b}$ 的 Jacobi 迭代法的计算公式为

$$\begin{cases} \boldsymbol{x}^{(0)}=(x_1^{(0)},x_2^{(0)},\cdots,x_n^{(0)})^{\mathrm{T}} \\ x_i^{(k+1)}=b_i-\sum\limits_{j=1,\,j\neq i}^{n}a_{ij}x_j^{(k)},\qquad i=1,2,\cdots,n;\ \ k=0,1,\cdots \end{cases} \tag{5-3-3}$$

由（5-3-3）式可知，Jacobi 迭代法计算公式简单，每迭代一次只需计算一次矩阵和向量的乘法且计算过程中原始矩阵 $\boldsymbol{A}$ 始终不变。

例 5.3.1 用 Jacobi 迭代法解方程组

$$\begin{cases}8x_1 - x_2 + x_3 = 1\\ 2x_1 + 10x_2 - x_3 = 4\\ x_1 + x_2 - 5x_3 = 3\end{cases}$$

解 将方程组化为等价形式：

$$\begin{cases}8x_1 = x_2 - x_3 + 1\\ 10x_2 = -2x_1 + x_3 + 4\\ 5x_3 = x_1 + x_2 - 3\end{cases}$$

构造迭代格式：

$$\begin{cases}x_1^{(k+1)} = 0.125x_2^{(k)} - 0.125x_3^{(k)} + 0.125\\ x_2^{(k+1)} = -0.2x_1^{(k)} + 0.1x_3^{(k)} + 0.4\\ x_3^{(k+1)} = 0.2x_1^{(k)} + 0.2x_2^{(k)} - 0.6\end{cases}$$

取初始值 $x^{(0)} = (0,0,0)^{\mathrm{T}}$ 代入计算，得

$$\boldsymbol{x}^{(1)} = (0.125, 0.4, -0.6)^{\mathrm{T}}$$

$$\boldsymbol{x}^{(2)} = (0.25, 0.315, -0.495)^{\mathrm{T}}$$

$$\boldsymbol{x}^{(3)} = (0.226\ 25, 0.3005, -0.487)^{\mathrm{T}}$$

$$\boldsymbol{x}^{(4)} = (0.223\ 438, 0.306\ 05, -0.494\ 65)^{\mathrm{T}}$$

$$\boldsymbol{x}^{(5)} = (0.225\ 088, 0.305\ 847, -0.494\ 102)^{\mathrm{T}}$$

5.4 Gauss-Seidel 迭代法

选取分裂矩阵 $\boldsymbol{M}$ 为 $\boldsymbol{A}$ 的下三角部分，即选取 $\boldsymbol{M} = \boldsymbol{D} - \boldsymbol{L}$（下三角阵），$\boldsymbol{A} = \boldsymbol{M} - \boldsymbol{N}$，于是得到解 $\boldsymbol{Ax} = \boldsymbol{b}$ 的 Gauss-Seidel 迭代法

$$\begin{cases}\text{选取 } \boldsymbol{x}^{(0)}\text{，初始向量}\\ \boldsymbol{x}^{(k+1)} = \boldsymbol{Bx}^{(k)} + \boldsymbol{f},\ k = 0,1,\cdots\end{cases} \tag{5-4-1}$$

其中 $\boldsymbol{G} = \boldsymbol{I} - (\boldsymbol{D} - \boldsymbol{L})^{-1}\boldsymbol{A} = (\boldsymbol{D} - \boldsymbol{L})^{-1}\boldsymbol{U}, \boldsymbol{f} = (\boldsymbol{D} - \boldsymbol{L})^{-1}\boldsymbol{b}$，称 $\boldsymbol{G} = (\boldsymbol{D} - \boldsymbol{L})^{-1}\boldsymbol{U}$ 为求解 $\boldsymbol{Ax} = \boldsymbol{b}$ 的 Gauss-Seidel 迭代法的迭代矩阵。

下面给出 Gauss-Seidel 迭代法的分量计算公式，记

$$\boldsymbol{x}^{(k)} = (x_1^{(k)}, \cdots, x_i^{(k)}, \cdots, x_n^{(k)})^{\mathrm{T}}$$

由（5-4-1）式有

$$(\boldsymbol{D} - \boldsymbol{L})\boldsymbol{x}^{(k+1)} = \boldsymbol{Ux}^{(k)} + \boldsymbol{b}$$

或

$$Dx^{(k+1)} = Lx^{(k+1)} + Ux^{(k)} + b$$

即

$$a_{ii}x_i^{(k+1)} = b_i - \sum_{j=1}^{i-1} a_{ij}x_j^{(k+1)} - \sum_{j=i+1}^{n} a_{ij}x_j^{(k)},\quad i = 1,2,\cdots,n$$

于是解 $\boldsymbol{Ax} = \boldsymbol{b}$ 的 Gauss-Seidel 迭代法计算公式为

$$\begin{cases} \boldsymbol{x}^{(0)} = (x_1^{(0)},\cdots,x_n^{(0)})^{\mathrm{T}} \\ x_i^{(k+1)} = (b_i - \sum_{j=1}^{i-1} a_{ij}x_j^{(k+1)} - \sum_{j=i+1}^{n} a_{ij}x_j^{(k)})/a_{ii},\quad i = 1,2,\cdots,n;\ k = 0,1,\cdots \end{cases} \tag{5-4-2}$$

Jacobi 迭代法不使用变量的最新信息计算 $x_i^{(k+1)}$，而由 Gauss-Seidel 迭代公式（5-4-2）可知，计算 $\boldsymbol{x}^{(k+1)}$ 的第 i 个分量 $x_i^{(k+1)}$ 时，利用了已经计算出的最新分量 $x_j^{(k+1)}(j = 1,2,\cdots,i-1)$。Gauss-Seidel 迭代法可看作 Jacobi 迭代法的一种改进。

5.5　迭代法的收敛性

定理 5.5.1　设 $\boldsymbol{Ax} = \boldsymbol{b}$，其中 $\boldsymbol{A} = \boldsymbol{D} - \boldsymbol{L} - \boldsymbol{U}$ 为非奇异矩阵，且对角矩阵 $\boldsymbol{D}$ 也非奇异，则

（1）解线性方程组的 Jacobi 迭代法收敛的充要条件是 $\rho(\boldsymbol{J}) < 1$，其中 $\boldsymbol{J} = \boldsymbol{D}^{-1}(\boldsymbol{L} + \boldsymbol{U})$。

（2）解线性方程组的 Gauss-Seidel 迭代法收敛的充要条件是 $\rho(\boldsymbol{G}) < 1$，其中 $\boldsymbol{G} = (\boldsymbol{D} - \boldsymbol{L})^{-1}\boldsymbol{U}$。

由定理 5.5.1 还可得到 Jacobi 迭代法收敛的充分条件是 $\|\boldsymbol{J}\| < 1$。Gauss-Seidel 迭代法收敛的充分条件是 $\|\boldsymbol{G}\| < 1$。

在科学及工程计算中，要求解线性方程组 $\boldsymbol{Ax} = \boldsymbol{b}$，其矩阵 $\boldsymbol{A}$ 常常具有某些特性。例如，$\boldsymbol{A}$ 具有对角占优性质或 $\boldsymbol{A}$ 为不可约矩阵，或 $\boldsymbol{A}$ 是对称正定矩阵等。下面讨论解这些线性方程组的收敛性。

定义 5.5.1（对角占优矩阵）　假设 $\boldsymbol{A} = (a_{ij})_{n\times n}$，

（1）如果 $\boldsymbol{A}$ 的元素满足

$$|a_{ii}| > \sum_{\substack{j=1 \\ j\neq i}}^{n} |a_{ij}|,\quad i = 1,2,\cdots,n,$$

称 A 为严格对角占优矩阵。

（2）如果 A 的元素满足

$$|a_{ii}| \geqslant \sum_{\substack{j=1 \\ j\neq i}}^{n} |a_{ij}|,\quad i = 1,2,\cdots,n,$$

且上式至少有一个不等式严格成立，则称 $\boldsymbol{A}$ 为弱对角占优矩阵。

定义 5.5.2（可约与不可约矩阵） 设 $\boldsymbol{A}=(a_{ij})_{n\times n}(n\geqslant 2)$，如果存在置换矩阵 $\boldsymbol{P}$ 使得

$$\boldsymbol{P}^{\mathrm{T}}\boldsymbol{AP}=\begin{pmatrix}\boldsymbol{A}_{11} & \boldsymbol{A}_{12}\\ 0 & \boldsymbol{A}_{22}\end{pmatrix} \qquad (5\text{-}5\text{-}1)$$

其中 $\boldsymbol{A}_{11}$ 为 r 阶方阵，$\boldsymbol{A}_{22}$ 为 $n-r$ 阶方阵，则称 $\boldsymbol{A}$ 为可约矩阵。否则，如果不存在这样置换矩阵 $\boldsymbol{P}$ 使（5-5-1）式成立，则称 $\boldsymbol{A}$ 为不可约矩阵。

$\boldsymbol{A}$ 为可约矩阵，即 $\boldsymbol{A}$ 可经过若干行列重排化为（5-5-1）式或 $\boldsymbol{Ax}=\boldsymbol{b}$ 可化为两个低阶线性方程组求解（如果 $\boldsymbol{A}$ 经过两行交换的同时进行相应的两列交换，称对 $\boldsymbol{A}$ 进行一次行列重排）。

事实上，由 $\boldsymbol{Ax}=\boldsymbol{b}$ 可化为

$$\boldsymbol{P}^{\mathrm{T}}\boldsymbol{AP}(\boldsymbol{P}^{\mathrm{T}}\boldsymbol{x})=\boldsymbol{P}^{\mathrm{T}}\boldsymbol{b}$$

且记 $\boldsymbol{y}=\boldsymbol{P}^{\mathrm{T}}\boldsymbol{x}=\begin{pmatrix}\boldsymbol{y}_1\\ \boldsymbol{y}_2\end{pmatrix}$，$\boldsymbol{P}^{\mathrm{T}}\boldsymbol{b}=\begin{pmatrix}\boldsymbol{d}_1\\ \boldsymbol{d}_2\end{pmatrix}$，其中 $\boldsymbol{y}_1$，$\boldsymbol{d}_1$ 为 r 维向量，于是，求解 $\boldsymbol{Ax}=\boldsymbol{b}$ 化为求解

$$\begin{cases}\boldsymbol{A}_{11}\boldsymbol{y}_1+\boldsymbol{A}_{12}\boldsymbol{y}_2=\boldsymbol{d}_1\\ \boldsymbol{A}_{22}\boldsymbol{y}_2=\boldsymbol{d}_2\end{cases}$$

由上式第二个方程组先求出 $\boldsymbol{y}_2$，再代入第 1 个方程组求出 $\boldsymbol{y}_1$。

下面列举几个不可约矩阵例子。

例如，矩阵

$$\boldsymbol{A}=\begin{pmatrix}b_1 & c_1 & & & \\ a_2 & b_2 & c_2 & & \\ & \ddots & \ddots & \ddots & \\ & & a_{n-1} & b_{n-1} & c_{n-1}\\ & & & a_n & b_n\end{pmatrix},\quad a_i,b_i,c_i\text{ 都不为零}$$

$$\boldsymbol{B}=\begin{pmatrix}4 & -1 & -1 & 0\\ -1 & 4 & 0 & -1\\ -1 & 0 & 4 & -1\\ 0 & -1 & -1 & 4\end{pmatrix}$$

都是不可约矩阵。

定理 5.5.2（对角占优定理） 如果 $\boldsymbol{A}=(a_{ij})_{n\times n}$ 为严格对角占优矩阵或 $\boldsymbol{A}$ 为不可约弱对角占优矩阵，则 $\boldsymbol{A}$ 为非奇异矩阵。

证明 只就 $\boldsymbol{A}$ 为严格对角占优矩阵证明此定理。采用反证法，如果 $\det(\boldsymbol{A})=0$，则 $\boldsymbol{Ax}=\boldsymbol{0}$ 有非零解，记为 $\boldsymbol{x}=(x_1,x_2,\cdots,x_n)^{\mathrm{T}}$，则 $|x_k|=\max\limits_{1\leqslant i\leqslant n}|x_i|\neq 0$。

由齐次方程组第 k 个方程

$$\sum_{j=1}^{n}a_{kj}x_j=0$$

则有

$$|a_{kk}x_k| = \left|\sum_{j=1, j\neq k}^{n} a_{kj}x_j\right| \leqslant \sum_{j=1, j\neq k}^{n} |a_{kj}|\cdot|x_j| \leqslant |x_k| \sum_{j=1, j\neq k}^{n} |a_{kj}|$$

即

$$|a_{kk}| \leqslant \sum_{j=1, j\neq k}^{n} |a_{kj}|$$

与假设矛盾，故 $\det(\boldsymbol{A}) \neq 0$。

定理 5.5.3 假设 $\boldsymbol{Ax}=\boldsymbol{b}$，如果

（1）$\boldsymbol{A}$ 为严格对角占优矩阵，则解 $\boldsymbol{Ax}=\boldsymbol{b}$ 的 Jacobi 迭代法、Gauss-Seidel 迭代法均收敛。

（2）$\boldsymbol{A}$ 为弱对角占优矩阵，且 $\boldsymbol{A}$ 为不可约矩阵，则解 $\boldsymbol{Ax}=\boldsymbol{b}$ 的 Jacobi 迭代法、Gauss-Seidel 迭代法均收敛。

证明 只证（1）中 Gauss-Seidel 迭代法收敛，其他同理可证。由假设可知，

$$a_{ii} \neq 0,\quad (i=1,2,\cdots,n)$$

解 $\boldsymbol{Ax}=\boldsymbol{b}$ 的 Gauss-Seidel 迭代法的迭代矩阵为

$$\boldsymbol{G}=(\boldsymbol{D}-\boldsymbol{L})^{-1}\boldsymbol{U}\quad (\boldsymbol{A}=\boldsymbol{D}-\boldsymbol{L}-\boldsymbol{U})$$

下面考查 $\boldsymbol{G}$ 的特征值情况。

$$\det(\lambda\boldsymbol{I}-\boldsymbol{G})=\det(\lambda\boldsymbol{I}-(\boldsymbol{D}-\boldsymbol{L})^{-1}\boldsymbol{U})=\det((\boldsymbol{D}-\boldsymbol{L})^{-1})\det(\lambda(\boldsymbol{D}-\boldsymbol{L})-\boldsymbol{U})$$

由于 $\det((\boldsymbol{D}-\boldsymbol{L})^{-1})\neq 0$，于是 $\boldsymbol{G}$ 特征值即为 $\det(\lambda(\boldsymbol{D}-\boldsymbol{L})-\boldsymbol{U})=0$ 之根。记

$$\boldsymbol{C}\equiv\lambda(\boldsymbol{D}-\boldsymbol{L})-\boldsymbol{U}=\begin{pmatrix} \lambda a_{11} & a_{12} & \cdots & a_{1n} \\ \lambda a_{21} & \lambda a_{22} & \cdots & a_{2n} \\ \vdots & \vdots & & \vdots \\ \lambda a_{n1} & \lambda a_{n2} & \cdots & \lambda a_{nn} \end{pmatrix}$$

下面来证明，当 $|\lambda|\geqslant 1$ 时，则 $\det(\boldsymbol{C})\neq 0$，即 G 的特征值均满足 $|\lambda|<1$，由基本定理，则有 Gauss-Seidel 迭代法收敛。

事实上，当 $|\lambda|\geqslant 1$ 时，由 $\boldsymbol{A}$ 为严格对角占优矩阵，则有

$$|c_{ii}|=|\lambda a_{ii}|>|\lambda|\left(\sum_{j=1}^{i-1}|a_{ij}|+\sum_{j=i+1}^{n}|a_{ij}|\right)\geqslant\sum_{j=1}^{i-1}|\lambda a_{ij}|+\sum_{j=i+1}^{n}|a_{ij}|=\sum_{\substack{j=1\\ j\neq i}}^{n}|c_{ij}|,\ i=1,2,\cdots,n$$

这说明当 $|\lambda|\geqslant 1$ 时，矩阵 $\boldsymbol{C}$ 为严格对角占优矩阵，再由对角占优定理有 $\det(\boldsymbol{C})\neq 0$。

如果线性方程组系数矩阵 $\boldsymbol{A}$ 对称正定，则有以下的收敛定理。

定理 5.5.4 设矩阵 $\boldsymbol{A}$ 对称，且对角元 $a_{ii}>0\ (i=1,2,\cdots,n)$，则

（1）解线性方程组 $\boldsymbol{Ax}=\boldsymbol{b}$ 的 Jacobi 迭代法收敛的充分必要条件是 $\boldsymbol{A}$ 及 $2\boldsymbol{D}-\boldsymbol{A}$ 均为正定矩阵，其中 $\boldsymbol{D}=diag(a_{11},a_{22},\cdots,a_{nn})$。

（2）解线性方程组 $\boldsymbol{Ax}=\boldsymbol{b}$ 的 Gauss-Seidel 迭代法收敛的充分条件是 $\boldsymbol{A}$ 正定。

证明 只证（1）中 Jacobi 迭代法收敛，（2）同理可证。根据定理的条件，$\boldsymbol{D}$ 是对称正定矩

阵，记 $\boldsymbol{D}^{\frac{1}{2}}$ 满足 $\boldsymbol{D}^{\frac{1}{2}}\boldsymbol{D}^{\frac{1}{2}}=\boldsymbol{D}$。我们有

$$\boldsymbol{B}_J=\boldsymbol{I}-\boldsymbol{D}\boldsymbol{A}^{-1}=\boldsymbol{D}^{-\frac{1}{2}}\left(\boldsymbol{I}-\boldsymbol{D}^{-\frac{1}{2}}\boldsymbol{A}\boldsymbol{D}^{-\frac{1}{2}}\right)\boldsymbol{D}^{\frac{1}{2}}$$

因为 $\boldsymbol{A}$ 对称，故 $\boldsymbol{D}^{-\frac{1}{2}}\boldsymbol{A}\boldsymbol{D}^{-\frac{1}{2}}$，$\boldsymbol{I}-\boldsymbol{D}^{-\frac{1}{2}}\boldsymbol{A}\boldsymbol{D}^{-\frac{1}{2}}$ ，$2\boldsymbol{I}-\boldsymbol{D}^{-\frac{1}{2}}\boldsymbol{A}\boldsymbol{D}^{-\frac{1}{2}}$ 皆对称，他们的特征值均为实数，$\boldsymbol{B}_J$ 与 $\boldsymbol{I}-\boldsymbol{D}^{-\frac{1}{2}}\boldsymbol{A}\boldsymbol{D}^{-\frac{1}{2}}$ 相似，其特征值也全为实数。

必要性：若 Jacobi 迭代法收敛，则 $\rho(\boldsymbol{B}_J)<1$，设 $\boldsymbol{D}^{-\frac{1}{2}}\boldsymbol{A}\boldsymbol{D}^{-\frac{1}{2}}$ 的特征值为 μ，则 $\boldsymbol{B}_J$ 的特征值为 $1-\mu$，则 $\mu\in(0,2)$，所以 $\boldsymbol{D}^{-\frac{1}{2}}\boldsymbol{A}\boldsymbol{D}^{-\frac{1}{2}}$ 正定。而对一切 $\boldsymbol{x}\in\boldsymbol{R}^n$ 有

$$\left(\boldsymbol{D}^{-\frac{1}{2}}\boldsymbol{A}\boldsymbol{D}^{-\frac{1}{2}}\boldsymbol{x},\boldsymbol{x}\right)=\left(\boldsymbol{A}\boldsymbol{D}^{-\frac{1}{2}}\boldsymbol{x},\boldsymbol{D}^{-\frac{1}{2}}\boldsymbol{x}\right)$$

所以 $\boldsymbol{A}$ 也是正定矩阵。再看 $2\boldsymbol{I}-\boldsymbol{D}^{-\frac{1}{2}}\boldsymbol{A}\boldsymbol{D}^{-\frac{1}{2}}$ 的特征值 $2-\mu$ 也在区间上，它也是正定矩阵，从

$$2\boldsymbol{D}-\boldsymbol{A}=\boldsymbol{D}^{-\frac{1}{2}}\left(2\boldsymbol{I}-\boldsymbol{D}^{-\frac{1}{2}}\boldsymbol{A}\boldsymbol{D}^{-\frac{1}{2}}\right)\boldsymbol{D}^{-\frac{1}{2}}$$

可知 $2\boldsymbol{D}-\boldsymbol{A}$ 亦为正定矩阵。

充分性：由 $\boldsymbol{A}$ 的正定性可导出 $\boldsymbol{D}^{-\frac{1}{2}}\boldsymbol{A}\boldsymbol{D}^{-\frac{1}{2}}$ 是正定的，其特征值大于零。所以 $\boldsymbol{I}-\boldsymbol{D}^{-\frac{1}{2}}\boldsymbol{A}\boldsymbol{D}^{-\frac{1}{2}}$ 的特征值（即 $\boldsymbol{B}_J$ 的特征值）皆小于 1，另一方面，因为 $2\boldsymbol{D}-\boldsymbol{A}$ 正定，可导出

$$-\boldsymbol{B}_J=-\boldsymbol{D}^{-\frac{1}{2}}(\boldsymbol{I}-\boldsymbol{D}^{-\frac{1}{2}}\boldsymbol{A}\boldsymbol{D}^{-\frac{1}{2}})\boldsymbol{D}^{-\frac{1}{2}}=\boldsymbol{D}^{-\frac{1}{2}}(\boldsymbol{I}-\boldsymbol{D}^{-\frac{1}{2}}(2\boldsymbol{D}-\boldsymbol{A})\boldsymbol{D}^{-\frac{1}{2}})\boldsymbol{D}^{-\frac{1}{2}}$$

其特征值也全小于 1，所以 $\rho(\boldsymbol{B}_J)<1$，故 Jacobi 迭代法收敛。

定理表明：若 $\boldsymbol{A}$ 对称正定，则 Gauss-Seidel 迭代法一定收敛，而 Jacobi 迭代法不一定收敛。

例 5.5.1 用 Jacobi 方法解方程组

$$\begin{cases}10x_1+3x_2=24\\3x_1+10x_2-x_3=30\\-x_2+10x_3=-24\end{cases}$$

取 $\boldsymbol{x}^{(0)}=(1,1,1)$ 至少迭代 2 次。

解 因为 $\boldsymbol{A}=\begin{pmatrix}10&3&0\\3&10&-1\\0&-1&10\end{pmatrix}$ 为严格对角占优矩阵，所以 Jacobi 迭代收敛，建立 Jacobi 迭代格式

$$\begin{cases}x_1^{(k+1)}=2.4-0.3x_2^{(k)}\\x_2^{(k+1)}=3-0.3x_1^{(k)}+0.1x_3^{(k)}\\x_3^{(k+1)}=-2.4+0.1x_2^{(k)}\end{cases}$$

迭代计算如表 5-1 所示：

表 5-1

k	1	2
$x_1^{(k)}$	2.1	1.56
$x_2^{(k)}$	2.8	2.08
$x_3^{(k)}$	− 2.3	− 2.12

例 5.5.2　对于方程组

$$\begin{cases}10x_1-2x_2-2x_3=1\\-2x_1+10x_2-x_3=0.5\\-x_1-x_2+3x_3=1\end{cases}$$

求证：（1）用 Jacobi 迭代法和 Gauss-Seidel 迭代法求解此方程组均收敛。

（2）取 $x^{(0)}=(0,0,0)^{\mathrm{T}}$，用 Jacobi 迭代法和 Gauss-Seidel 迭代法求解要求 $\left\|\boldsymbol{x}^{(k)}-\boldsymbol{x}^{(k-1)}\right\|_\infty\leqslant10^{-5}$。

解　（1）$\boldsymbol{B}=\begin{pmatrix}0&0.2&0.2\\0.2&0&0.1\\1/3&2/3&0\end{pmatrix}\Rightarrow\|\boldsymbol{B}\|_1=13/15<1$，故 Jacobi 迭代收敛。

$$\boldsymbol{G}=-1/360\begin{pmatrix}0&-60&-60\\0&-12&-42\\0&-28&-48\end{pmatrix}\Rightarrow\|\boldsymbol{G}\|_1=150/360<1$$

所以 Gauss-Seidel 迭代收敛。

（2）Jacobi 迭代格式为

$$\begin{cases}x_1^{(k+1)}=0.2x_2^{(k)}+0.2x_3^{(k)}+0.1\\x_2^{(k+1)}=0.2x_1^{(k)}+0.1x_3^{(k)}+0.05\\x_3^{(k+1)}=x_1^{(k)}/3+2x_2^{(k)}/3+1/3\end{cases}$$

取初值 $\boldsymbol{x}^{(0)}=(1,1,1)^{\mathrm{T}}$，迭代计算如表 5-2 所示：

表 5-2

k	$x_1^{(k)}$	$x_2^{(k)}$	$x_3^{(k)}$
1	0.1	0.05	0.333 333 3
2	0.176 667	0.103 333 3	0.400 000 0
3	0.200 667	0.125 333 3	0.461 111 1
4	0.217 289	0.136 245 0	0.483 777 7
⋮	⋮	⋮	⋮
14	0.231 081	0.147 041 1	0.508 326 0
15	0.231 087	0.147 055 0	0.508 393 0

Gauss-Seidel 迭代格式为：

$$\begin{cases} x_1^{(k+1)} = 0.2x_2^{(k)} + 0.2x_3^{(k)} + 0.1 \\ x_2^{(k+1)} = 0.2x_1^{(k+1)} + 0.1x_3^{(k)} + 0.05 \\ x_3^{(k+1)} = x_1^{(k+1)}/3 + 2x_2^{(k+1)}/3 + 1/3 \end{cases}$$

取初值 $x^{(0)} = (0,\ 0,\ 0)^{\mathrm{T}}$，迭代计算如表 5-3 所示：

表 5-3

k	$x_1^{(k)}$	$x_2^{(k)}$	$x_3^{(k)}$
1	0.1	0.07	0.413 333
2	0.196 667	0.130 667	0.486 000
3	0.223 333	0.143 267	0.503 289
4	0.229 311	0.146 191	0.507 231
5	0.230 684	0.146 860	0.508 134
6	0.230 999	0.147 013	0.508 341
7	0.231 071	0.147 048	0.508 389
8	0.231 087	0.147 056	0.508 399
9	0.231 091	0.147 058	0.508 402

5.6 习题 5

1. 设 $\boldsymbol{x} = \begin{pmatrix} 1 \\ 3 \end{pmatrix}$，$\boldsymbol{A} = \begin{pmatrix} 4 & -1 \\ 0 & 2 \end{pmatrix}$，则 $\|\boldsymbol{Ax}\|_2 =$ ________。

2. 设 $\boldsymbol{A} = \begin{pmatrix} 7 & 3 & 3 \\ 5 & 4 & 1 \\ 2 & 5 & 5 \end{pmatrix}$，那么 $\|\boldsymbol{A}\|_1 =$ ________，$\|\boldsymbol{A}\|_\infty =$ ________。

3. 设 $\boldsymbol{A} = \begin{pmatrix} 1 & 2 & 3 \\ 2 & 3 & 4 \\ 3 & 4 & 5 \end{pmatrix}$，那么 $\|\boldsymbol{A}\|_1 =$ ________，$\|\boldsymbol{A}\|_\infty =$ ________。

4. 用 Jacobi 迭代方法求解如下线性方程组

$$\begin{cases} 8x_1 - 3x_2 + 2x_3 = 20 \\ 4x_1 + 11x_2 - x_3 = 33 \\ 6x_1 + 3x_2 + 12x_3 = 36 \end{cases}$$

取 $\boldsymbol{x}^{(0)} = (0,0,0)$，求解过程至少迭代 3 次。

5. 用 Jacobi 方法和 Gauss-Seidel 方法解方程组

$$\begin{cases} 15x_1 + 2x_2 = 12 \\ 2x_1 + 12x_2 - x_3 = 15 \\ -x_2 + 6x_3 = 17 \end{cases}$$

取 $\boldsymbol{x}^{(0)} = (1,1,1)$，求解过程至少迭代 3 次。

6. 利用简单迭代法求解线性方程组

$$\begin{pmatrix} 5 & -2 & & \\ 3 & 12 & -7 & \\ & 4 & 9 & -2 \\ & & 1 & 8 \end{pmatrix} \begin{pmatrix} x_1 \\ x_2 \\ x_3 \\ x_4 \end{pmatrix} = \begin{pmatrix} 4 \\ 8 \\ 2 \\ 7 \end{pmatrix}。$$

7. 利用 Jacobi 迭代法求解线性方程组

$$\begin{pmatrix} 15 & 1 & 2 & 4 \\ 1 & 23 & 3 & 2 \\ 6 & 7 & 13 & 2 \\ 3 & 3 & 2 & 16 \end{pmatrix} \begin{pmatrix} x_1 \\ x_2 \\ x_3 \\ x_4 \end{pmatrix} = \begin{pmatrix} 6 \\ 5 \\ 1 \\ 5 \end{pmatrix}。$$

8. 利用 Gauss-Seidel 迭代法求解线性方程组

$$\begin{pmatrix} 12 & 2 & 3 & 4 \\ 2 & 25 & 2 & 3 \\ 3 & 2 & 15 & 6 \\ 4 & 3 & 6 & 28 \end{pmatrix} \begin{pmatrix} x_1 \\ x_2 \\ x_3 \\ x_4 \end{pmatrix} = \begin{pmatrix} 68 \\ 78 \\ 79 \\ 38 \end{pmatrix}。$$

取初始点 $\boldsymbol{x}^{(0)} = (0,0,0,0)^{\mathrm{T}}$，精度要求 $\varepsilon = 10^{-3}$。

5.7　Matlab 程序设计（五）

5.7.1　基础实验

例 5.7.1　利用 Jacobi 方法求解方程

$$\begin{cases} 15x_1 - x_2 = 18 \\ -x_1 + 16x_2 + 3x_3 = 9 \\ x_2 + 16x_3 = 10 \end{cases}$$

设 $x(0) = 0$，精度为 10^{-6}。

程序：

```
function y=jacobi(a,b,x0)
D=diag(diag(a));
U=-triu(a,1);
```

```
L=-tril(a,-1);
B=D\(L+U);
f=D\b;
y=B*x0+f;
n=1;
while norm(y-x0)>=1.0e-6
          x0=y;
          y=B*x0+f;
          n=n+1;
end
```

执行文件：

```
>> a=[15,-1,0;-1,16,3;0,1,16];
>> b=[18;9;10];
>> jacobi(a,b,[0;0;0])
```

运行结果：

```
  ans = 1.2352
        0.5287
        0.5920
```

算法 5.7.1（Gauss-Seidel 迭代法）

（1）输入矩阵 $\boldsymbol{A}$，右端向量 $\boldsymbol{b}$，初始点 $\boldsymbol{x}^{(0)}$，精度要求 ε，最大迭代次数 N，置 $k:=0$。

（2）由公式

$$x_i^{(k+1)}=\left(b_i-\sum_{j=1}^{i-1}a_{ij}x_j^{(k+1)}-\sum_{j=i}^{n}a_{ij}x_j^{(k)}\right)\Bigg/a_{ii},\quad i=1,2,\cdots n$$

或

$$\boldsymbol{x}^{(k+1)}=(\boldsymbol{D}-\boldsymbol{L})^{-1}(\boldsymbol{U}\boldsymbol{x}^{(k)}+\boldsymbol{b})$$

计算 $\boldsymbol{x}^{(k+1)}$。

（3）若 $\|\boldsymbol{b}+\boldsymbol{A}\boldsymbol{x}^{(k+1)}\|/\|\boldsymbol{b}\|\leqslant\varepsilon$，则停止，输出 $\boldsymbol{x}^{(k+1)}$ 作为方程组的近似解。

（4）置 $\boldsymbol{x}^{(k)}:=\boldsymbol{x}^{(k+1)}$，$k:=k+1$，转步骤（2）。

根据算法 5.7.1，编制 Matlab 程序如下：

程序 1——mseidel.m

```
function [x,iter]=mseidel(A,b.x.ep.N)
if nargin<5,N=500;end
if nargin<4,ep=1e-6;end
if nargin<3,x=zeros(size(b));end
D=diang(diang(A));L=D-tril(A);U=D-triu(A);
for iter=1:N
```

```
    x=(D-L)\(U*x+b);
    err =norm(b-A*x)/norm(b);
    if err<ep,break;end
end
```

例 5.7.2　用 Gauss-Seidel 迭代法程序 mseidel.m 求解线性方程组

$$\begin{pmatrix} 0.76 & -0.01 & -0.14 & -0.16 \\ -0.01 & 0.88 & -0.03 & 0.05 \\ -0.14 & -0.03 & 1.01 & -0.12 \\ -0.16 & 0.05 & -0.12 & 0.72 \end{pmatrix}\begin{pmatrix} x_1 \\ x_2 \\ x_3 \\ x_4 \end{pmatrix}=\begin{pmatrix} 0.68 \\ 1.18 \\ 0.12 \\ 0.74 \end{pmatrix}$$

取初始点 $x^{(0)}=(0,0,0,0)^{\mathrm{T}}$，精度要求 $\varepsilon=10^{-6}$。

程序：

在 Matlab 命令窗口执行程序 mseidel.m:

```
>>A=[0.76 -0.01 -0.14 -0.16; -0.01 0.88 -0.03 0.05;
 -0.14 -0.03 1.01 -0.12; -0.16 0.05 -0.12 0.72];
>> b=[0.68 1.18 0.12 0.74]';
>>[x,iter]=mseidel(A,b)
```

运行结果：

```
x = 1.4941
    1.2489
    0.3630
    1.0278
iter = 500
```

例 5.7.3　用 Gauss-Seidel 迭代法程序 mseidel.m 求解线性方程组

$$\begin{cases} 9x_1 - x_2 - x_3 = 7 \\ -x_1 + 10x_2 - x_3 = 8 \\ -x_1 - x_2 + 15x_3 = 13 \end{cases}$$

取初始点 $\boldsymbol{x}^{(0)}=(0,0,0,0)^{\mathrm{T}}$，精度要求 $\varepsilon=10^{-6}$。

解　将方程化为 $\boldsymbol{Ax}=\boldsymbol{b}$ 形式

$$\begin{pmatrix} 9 & -1 & -1 \\ -1 & 10 & -1 \\ -1 & -1 & 15 \end{pmatrix}\begin{pmatrix} x_1 \\ x_2 \\ x_3 \end{pmatrix}=\begin{pmatrix} 7 \\ 8 \\ 13 \end{pmatrix}$$

程序：

在 Matlab 命令窗口执行程序 mseidel.m:

```
>> A=[9 -1 -1;-1 10 -1;-1 -1 15];
>> b=[7 8 13]';
```

```
>> [x,iter]=mseidel(A,b)
```

运行结果：

```
x = 1.1867
    0.9733
    0.8667
iter = 500
```

5.7.2 动手提高

实验一 利用简单迭代法求解方程组

$$\begin{cases} 8\ 234x_1 - 313x_2 + 312x_3 = 21\ 340 \\ 2\ 465x_1 + 35\ 436x_2 + 3\ 242x_3 = 25\ 431 \\ 3\ 542x_1 + 2\ 452x_2 + 24\ 252x_3 = 245\ 243 \end{cases}。$$

实验二 利用 Jacobi 方法和 Gauss-Seidel 方法求解方程组

$$\begin{cases} 2\ 221x_1 + 31\ 432x_2 + 32\ 143x_3 = 24\ 234 \\ 35\ 765x_1 + 164\ 562x_2 - 34\ 535x_3 = 243\ 632 \\ 2\ 221x_1 + 354\ 623x_2 + 66\ 435x_3 = 45\ 674 \end{cases}$$

取 $x^{(0)} = (0,0,0)$，求解过程至少迭代 20 次。

5.8 大数学家——雅克比（Jacobi）

雅克比，德国数学家，1804 年出生于普鲁士的波茨坦，1851 年卒于柏林。雅克比是数学史上最勤奋的学者之一，与欧拉一样也是一位在数学领域多产的数学家，被广泛推崇为历史上最伟大的数学家之一。雅克比善于处理各种繁复的代数问题，在纯粹数学和应用数学上都有非凡贡献。他所理解的数学有一种强烈的柏拉图式的格调，其数学成就对后人影响颇为深远。在他逝世后，狄利克雷称他为除拉格朗日以外德国科学院成员中最卓越的数学家。

1804 年，拥有一颗多才多艺头脑的雅克比，出生在普鲁士一个富有的银行家庭。优裕的生活，令他可以安心于哲学、语言学和数学，挥洒自己的才能。在 16 岁那年，雅克比试图解决一般五次方程问题，可惜失败了。后来他才知道，比他大两岁的数学天才阿贝尔，在同一年里，已经解决了这个问题。雅克比说到：“他高于我的赞扬，就像他高于我的工作。”看到阿贝尔的杰作，年轻的雅克比足够谦逊。但在柏林大学的校园里，这个年轻学生早已雄心勃勃。他把大学里的数学讲座形容为“废话”。在写给舅舅的信里，雅克比表示要把全部精力献给数学，并以“最惊人的力量和最艰苦的思考”，来“制服这个庞然大物而不怕被它撞毁”。当一位朋友向他抱怨，做科学研究既艰苦又可能损害健康时，雅克比义正言辞地驳斥说：“过度工作确实危及健康，那又怎样呢？只有卷心菜没有焦虑，但他们完美的健康又能给他们什么呢？”近乎狂热的研究热情，不仅让雅克比获得了博士学位，也得到了柏林大学的教职。他发表的一些有关数论的研究成果，赢得了高斯的赞扬。鉴于高斯很少称赞别人，教育部决定将这个 23 岁的年轻人直接晋升为副教授。这样直接跃居于很多同事之上，令不少人不快。但两年后，雅克比发表了他的第一篇杰作《椭圆函数理论的新基础》。这些人随即心服口服，开始认为当年的晋升是公正的。雅克比喜欢讲授自己最新发现，在课堂上是最受欢迎的数学老师。他鼓励学生在掌握前人总结的知识之前，就去尝试研究别人不曾做过的工作，养成独立工作的习惯。不过，这种观点却遭到一些学生的不解。老师雅克比反驳道"如果你父亲坚持要先认识世界上所有的姑娘，然后再跟其中一个结婚，那他就永远不会结婚，而你现在也就不会在这里。"走出课堂后，雅克比的全部精力几乎都用在了数学研究中。即便父亲在 1832 年去世，甚至 8 年后家庭破产，也没有给他的研究和生活带来太大波动。雅克比像往常一样，继续疯狂工作。由于雅克比工作过度，导致身体彻底垮掉。普鲁士国王考虑到雅克比为王国所做的奉献，便催促数学家到气候宜人的意大利度假。当雅克比恢复健康后就回到柏林。由于遭人嫉妒和排挤，身为科学院院士的雅克比失去了大学教授职位。这次又是国王出面，给了他一笔不菲的津贴，以便雅克比继续进行数学研究。但是雅克比的医生则劝告他开始介入政治，理由是有益于雅克比的神经系统。再加上一位当年晋升时被雅克比超越的朋友也花言巧语地相劝。雅克比似乎也盘算着要变成一个比数学家更为光彩的人物，居然相信了医生开出的这副极为愚蠢的处方。在这位朋友的介绍下，数学家加入了一个自由派俱乐部，并被推选为大选候选人。最终令他腹背受敌，几乎身败名裂。在自由派看来，他领取国王的津贴，是保皇党人的密探。而在保皇党看来，他是叛徒。国王因此停止了给他的津贴。这位因计算而成名的数学家，败给了一场算计。雅克比最终落选，并被人抛弃。回到家中，雅克比需要养活妻子和 7 个孩子。好在一位朋友收容了他的妻儿，这个数学天才则流落在旅店的一间脏乱的房间里，重拾自己的数学研究。奥地利的维也纳大学得知雅克比的困境，开始设法接他过去，但被一个叫亚历山大·冯·洪堡德国人及时阻止，并最终说服了国王，因为德意志需要留住她的第二个伟大人物雅克比。津贴最终恢复了，但雅克比并未能享受太久，他在两年后死于天花。德国人不得不惋惜，他们失去了"拉格朗日以来科学院成员中最卓越的数学家"。

雅克比在数学上做出了重大贡献。他几乎与阿贝尔同时各自独立地发现了椭圆函数，被称为椭圆函数理论的奠基人之一。1827 年雅克比从陀螺的旋转问题入手，开始对椭圆函数进行研究。1827 年 6 月在《天文报告》上发表了《关于椭圆函数变换理论的某些结果》。1829 年发表了《椭圆函数基本新理论》，成为椭圆函数的一本关键性著作。书中利用椭圆积分的反函数研究椭圆函数，这是一个关键性的进展。他还把椭圆函数理论建立在被称为 θ 函数的辅助函数的基础上。他引进了四个 θ 函数，然后利用这些函数构造出椭圆函数的最简单的因素。他还得到 θ 函数的各种无穷级数和无穷乘积的表示法。1832 年雅克比发现反演可以借助于多于一个变量的函数来完成。于是 p 个变量的阿贝尔函数论产生了，并成为 19 世纪数学的一个重要课题。1835 年雅克比证明了单变量的一个单值函数，如果对于自变量的每一个有穷值具有有理函数的特性（即为一个亚纯函数），它就不可能有多于两个周期，且周期的比必须是一个非实数。这个发现开辟了一个新的研究方向，即找出所有的双周期函数的问题。椭圆函数理论在 19 世纪数学领域中占有十分重要的地位。它为发现和改进复变函数理论中的一般定理创造了有利条件。

雅克比在 1841 年发表了《论行列式的形成与性质》，文中求出了函数行列式的导数公式，利用函数行列式作工具，证明了函数之间相关或无关的条件，就是雅克比行列式等于零或不等于零。他又给出了雅克比行列式的乘积定理。雅克比第一个将椭圆函数理论应用于数论研究。他在 1827 年的论文中已做了一些工作，后来又用椭圆函数理论得到同余式和型的理论中的一些结果，他曾给出过二次互反律的证明，还陈述过三次互反律并给出了证明。雅克比对数学史的研究也感兴趣。1846 年 1 月做过关于笛卡尔的通俗演讲，对古希腊数学也做过研究和评论。1840 年他制订了出版欧拉著作的计划。另外他在发散级数理论、变分法中的二阶变分问题、线性代数和天文学等方面均有创见。他的工作还包括代数学、变分法、复变函数论、微分方程以及数学史的研究。将不同的数学分支连通起来是他的研究特色。他不仅把椭圆函数论引进数论研究中，得到了同余论和型的理论的一些结果，还引进到积分理论中，而积分理论的研究又同微分方程的研究相关联。此外，还提出了尾乘式原理。

第 6 章　非线性方程的数值求解

在科学计算和工程问题中，经常会需要求解各种类型的非线性方程和方程组，因此求解非线性方程和方程组就显得非常重要。本章主要介绍非线性方程 $f(x)=0,\ x\in[a,b]$ 的数值求解方法，这里 $f(x)$ 是区间 $[a,b]$ 上的连续函数。

6.1　二分法

定义 6.1.1　非线性方程 $f(x)=0$，$x\in[a,b]$，如果 $f(x)$ 是区间 $[a,b]$ 上的连续函数，且 $f(a)\cdot f(b)<0$，这时 $f(x)$ 在 $[a,b]$ 内至少有一个根，则称 $[a,b]$ 为方程 $f(x)=0$ 的有根区间。

定义 6.1.2　二分法又称为对分区间法。其基本步骤是首先选取有根区间的中点，判断异号的子区间，在异号子区间内继续选取中点，重复这样的判断，最终获得非线性方程的近似解。

设 $f(x)$ 是区间 $[a,b]$ 上的连续函数，且 $f(a)\cdot f(b)<0$，$f'(x)$ 在 (a,b) 内不变号，则方程 $f(x)$ 在 $[a,b]$ 内有唯一根 x^*。不失一般性，假设 $f(a)<0$，$f(b)>0$。下面简要介绍一下利用二分法求 x^* 近似解的基本过程：

首先，将 $[a,b]$ 分成两等分，取中点 $x_0=\dfrac{a+b}{2}$，然后判断 $f(x_0)$ 的符号。如果 $f(x_0)$ 正好等于 0，则 x^* 即为所求的根。

若 $f(x_0)>0$，显然 $f(a)f(x_0)<0$，即 $[a,x_0]$ 为有根区间，令 $a_1=a$，$b_1=x_0$，则 $f(x)$ 在 $[a_1,b_1]$ 内必有实根；若 $f(x_0)<0$，显然 $f(x_0)f(b)<0$，即 $[x_0,b]$ 为有根区间，令 $a_1=x_0$，$b_1=b$，则 $f(x)$ 在 $[a_1,b_1]$ 内必有实根。迭代过程见图 6.1。

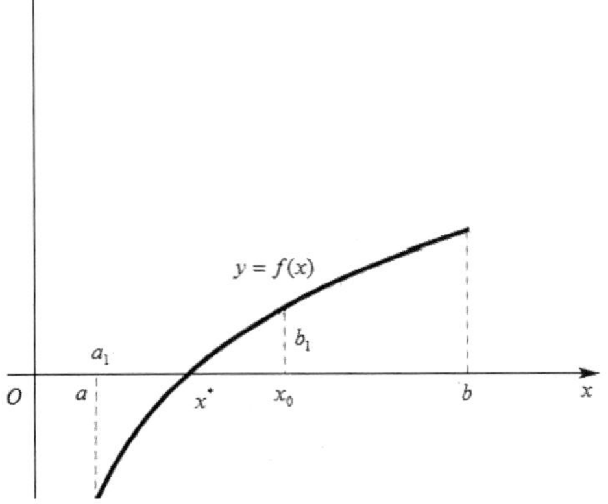

图 6.1

接着，对 $[a_1,b_1]$ 重复上述过程，得到一系列区间长度减半的有根区间 $[a_2,b_2]$, $[a_3,b_3]$, $\cdots$, $[a_k,b_k]$, $\cdots$，直到最终找出符合特定条件 $|x^*-x_k|\leqslant\varepsilon$ 的近似根 x_k 为止。

注：二分法的任意给定条件 $|x^*-x_k|\leqslant\varepsilon$ 都是可以达到的。

当 k 依次变大时有根区间 $[a_k,b_k]$ 的区间长度每次减少一半，因此

$$b_k-a_k=\frac{b-a}{2^k}$$

假设 x_k 满足条件 $|x^*-x_k|\leqslant\varepsilon$（$\varepsilon>0$），则

$$|x^*-x_k|=\frac{1}{2}|b_k-a_k|=\frac{b-a}{2^{k+1}}<\varepsilon$$

即

$$2^k>\frac{b-a}{2\varepsilon}$$

两边取对数，可得

$$k\geqslant\frac{\ln(b-a)-\ln(2\varepsilon)}{\ln 2} \tag{6-1-1}$$

所以只要选择 k 满足（6-1-1）式，就可以让获得的近似根 x_k 满足条件 $|x^*-x_k|\leqslant\varepsilon$。

6.2　简单迭代法

定义 6.2.1　简单迭代法又称为迭代法，其基本思想是将非线性方程 $f(x)=0$ 转化为等价形式 $x=\varphi(x)$，从某一个特定的初值 x_0 开始，构造迭代格式 $x_{k+1}=\varphi(x_k)$，$k=0,1,2,\cdots$，这样求出序列 $\{x_k\}$ 的过程称为简单迭代法，迭代格式称为简单迭代格式，$\varphi(x)$ 称为迭代函数。

如果对于特定的初值 x_0，当 $k\to\infty$ 时迭代序列 $\{x_k\}$ 有极限 x^*，则称简单迭代格式收敛，否则称为发散。

定理 6.2.1（压缩映像原理）　设函数 $\varphi(x)$ 在有根区间 $[a,b]$ 上连续，（1）当 $x\in[a,b]$ 时 $\varphi(x)\in[a,b]$；（2）如果 $\varphi(x)$ 在 $[a,b]$ 上满足 Lipschitz 条件，即 $\forall x,y\in[a,b]$，有

$$|\varphi(x)-\varphi(y)|\leqslant L|x-y|,\quad 0\leqslant L<1 \tag{6-2-1}$$

则对于任何 $x_0\in[a,b]$，简单迭代序列 $x_{k+1}=\varphi(x_k)$ 均收敛到方程 $f(x)=0$ 的唯一解 x^*，且

$$|x_k-x^*|\leqslant\frac{L}{1-L}|x_1-x_0| \tag{6-2-2}$$

证明　（1）存在性

令 $g(x)=x-\varphi(x)$，因为 $\varphi(x)$ 在区间 $[a,b]$ 上连续，所以 $g(x)$ 也在 $[a,b]$ 上连续，又因为 $g(a)=a-\varphi(a)\leqslant 0$，$g(b)=b-\varphi(b)\geqslant 0$，若 $g(a)=0$ 或 $g(b)=0$，则 $a=\varphi(a)$ 或 $b=\varphi(b)$，显然 a 或 b 即为方程 $f(x)=0$ 的解；若 $g(a)<0$ 且 $g(b)>0$，利用零点定理，在 (a,b) 内至少存在一点 x^*

使得 $g(x^*)=0$，因此 $f(x)=0$ 在 $[a,b]$ 内至少存在一个解 x^*。

（2）唯一性

设 x_1 和 x_2 均为方程 $x=\varphi(x)$ 的解，则 $|\varphi(x_1)-\varphi(x_2)|=|x_1-x_2|$，显然与 Lipschitz 条件矛盾。

（3）收敛性

利用 Lipschitz 条件，有

$$\begin{aligned}|x_{k+1}-x_k|&=|x_k-x^*-(x_{k+1}-x^*)|\\&\geqslant|x_k-x^*|-|x_{k+1}-x^*|\\&=|x_k-x^*|-|\varphi(x_k)-\varphi(x^*)|\\&\geqslant(1-L)|x_k-x^*|\end{aligned}$$

于是 $|x_k-x^*|\leqslant\dfrac{1}{1-L}|x_{k+1}-x_k|$。又因为

$$\begin{aligned}|x_{k+1}-x_k|&=|\varphi(x_k)-\varphi(x_{k-1})|\\&\leqslant L|x_k-x_{k-1}|\\&\leqslant L^2|x_{k-1}-x_{k-2}|\\&\leqslant L^k|x_1-x_0|\end{aligned}$$

所以收敛性结果（6-2-2）式成立，定理得证。

注：如果压缩映像原理中的函数 $\varphi(x)$ 一阶可导，则定理 6.2.1 的第二个条件：$\varphi(x)$ 在 $[a,b]$ 上满足 Lipschitz 条件可以用更强的条件 $|\varphi'(x)|\leqslant L<1$ 来替换。

例 6.2.1　建立求方程 $6x^2-e^x=0$ 数值解的迭代格式。

解　令 $f(x)=6x^2-e^x$，显然 $f(0)f(1)<0$，因此在 $[0,1]$ 上 $f(x)=0$ 有解，又因为 $f'(x)$ 在 $[0,1]$ 上单调递增，所以在 $[0,1]$ 上 $f(x)=0$ 有唯一解。下面我们建立相应的迭代格式，希望获得方程的数值解。

第一种格式：由 $6x^2-e^x=0$，得 $x=\sqrt{\dfrac{e^x}{6}}\equiv\varphi_1(x)$，可以得到迭代格式

$$x_{k+1}=\sqrt{\frac{e^{x_k}}{6}}\,,\quad(k=0,\ 1,\ \cdots)$$

第二种格式：由 $6x^2-e^x=0$，得 $x=2\ln x+\ln 6\equiv\varphi_2(x)$，可以得到迭代格式

$$x_{k+1}=2\ln x_k+\ln 6\,,\quad(k=0,\ 1,\ \cdots)$$

在压缩映像原理中，当 $x\in[a,b]$ 时 $\varphi(x)\in[a,b]$ 是一个很强的全局性条件，在许多实际问题中是很难验证的，也很难满足的，因此在迭代方法使用过程中一般只考虑唯一解 x^* 附近的局部性质，即一般只考虑下面解的局部收敛性。

定义 6.2.2　如果有 x^* 的某个邻域 $S=[x^*-\delta,x^*+\delta]$，使得迭代格式 $x_{k+1}=\varphi(x_k)$ 对所有的 $x_0\in[x^*-\delta,x^*+\delta]$ 均收敛，则称迭代格式 $x_{k+1}=\varphi(x_k)$ 在 x^* 的邻域 S 内局部收敛。

定理 6.2.2（局部收敛性）　设 $\varphi(x)$ 在 $x=\varphi(x)$ 的唯一解 x^* 的邻域 S 内有一阶连续的导数，且 $|\varphi'(x^*)|<1$，则迭代格式 $x_{k+1}=\varphi(x_k)$ 局部收敛。

定义 6.2.3 设迭代格式 $x_{k+1}=\varphi(x_k)$ 收敛于 $x=\varphi(x)$ 的唯一解 x^*，令 $e_k=x_k-x^*$，若

$$\lim_{k\to\infty}\frac{e_{k+1}}{e_k^p}=c \tag{6-2-3}$$

（1）若 $c=0$ 时，称为超 p 阶收敛，其中 $p=1$ 时称为超线性收敛；

（2）若 $c\neq 0$ 时，称为 p 阶收敛，其中 $p=1$ 时称为线性收敛，$p=2$ 时称为平方收敛，称 c 为渐进误差常数。

定理 6.2.3（p 阶收敛性） 在迭代格式 $x_{k+1}=\varphi(x_k)$ 中，如果 $\varphi(x)$ 在唯一解 x^* 的邻域内 p 阶可导且 $|\varphi'(x^*)|<1$。

（1）若 $\varphi'(x^*)\neq 0$，则迭代格式 $x_{k+1}=\varphi(x_k)$ 收敛；

（2）若 $\varphi'(x^*)=\varphi''(x^*)=\cdots=\varphi^{(p-1)}(x^*)=0$，$\varphi^{(p)}(x^*)\neq 0$，则迭代格式 $x_{k+1}=\varphi(x_k)$ 是 p 阶收敛的。

6.3 Newton 迭代法

简单迭代法求方程 $f(x)=0$ 的数值解理论上非常简单可行，但是收敛速度一般不快，因此需要找一种更好的迭代方法，Newton 迭代法就是这种新的快速收敛方法。

定义 6.3.1 若 $f(x)$ 是区间 $[a,b]$ 上的连续可导函数，给定某个初值 x_0，迭代格式

$$x_{k+1}=x_k-\frac{f(x_k)}{f'(x_k)},\quad k=0,\ 1,\ 2,\ \cdots \tag{6-3-1}$$

称为 Newton 迭代格式，利用 Newton 迭代格式计算方程 $f(x)=0$ 数值解的方法称为 Newton 迭代法，又称切线法，其迭代函数为 $\varphi(x)=x-\dfrac{f(x)}{f'(x)}$。

Newton 迭代格式主要是利用泰勒展式得到的：

假设方程 $f(x)=0$ 的近似解为 x_k，将 $f(x)$ 在 x_k 泰勒展开

$$0=f(x)=f(x_k)+f'(x_k)(x-x_k)+\frac{1}{2!}f''(x_k)(x-x_k)^2+\cdots$$

截取泰勒展式的前两项，得

$$0=f(x_k)+f'(x_k)(x-x_k)$$

移项可得

$$x=x_k-\frac{f(x_k)}{f'(x_k)}$$

令 $x_{k+1}=x$，获得 Newton 迭代格式 $x_{k+1}=x_k-\dfrac{f(x_k)}{f'(x_k)}$。迭代过程见图 6.2。

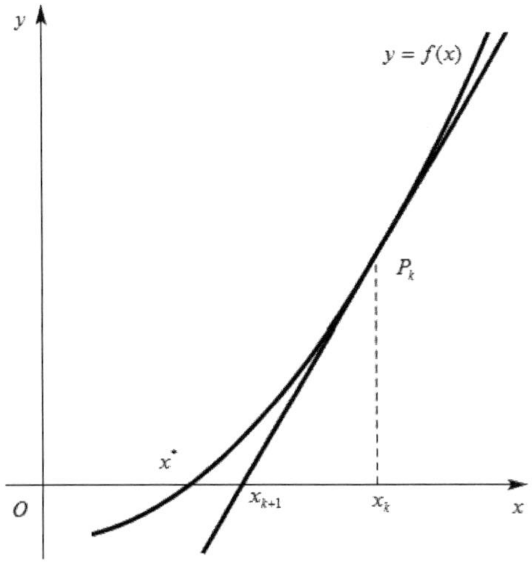

图 6.2　Newton 迭代法迭代过程

定理 6.3.1（Newton 法的收敛性） 如果函数 $f(x)$ 在解 x^* 的某邻域内二阶连续可导，$f'(x^*)\neq 0$，则一定存在 x_0 和 δ，当 $x_0\in S=[x^*-\delta,x^*+\delta]$ 时，Newton 迭代格式的近似解至少二阶收敛到 x^*。

推论 6.3.1 如果函数 $f(x)$ 在解 x^* 的某邻域内连续可导，$f'(x^*)\neq 0$，则一定存在 x_0 和 δ，当 $x_0\in S=[x^*-\delta,x^*+\delta]$ 时，Newton 迭代格式的近似解超线性收敛到 x^*。

定理 6.3.2 如果 x^* 是方程 $f(x)=0$ 的多重根，Newton 迭代格式的近似解仅线性收敛到 x^*。

为了让重根情况下的 Newton 迭代格式依然保留二阶收敛性，可以对 Newton 迭代格式进行适当修正，使之保留二阶收敛性。

假设 $f(x)=0$ 在 x^* 点具有 p 重根（$p>1$），$f(x)=(x-x^*)^p g(x)$，且 $g(x^*)\neq 0$，$g(x)$ 在点 x^* 至少二阶连续可导，则可以建立如下的修正 Newton 迭代格式：

$$x_{k+1}=x_k-p\frac{f(x_k)}{f'(x_k)},\quad k=0,1,2,\cdots$$

定理 6.3.3（修正 Newton 法的收敛性） 如果 x^* 是方程 $f(x)=0$ 的 p 重根（$p>1$），则修正 Newton 迭代格式 $x_{k+1}=x_k-p\dfrac{f(x_k)}{f'(x_k)}$ 的近似解至少二阶收敛到 x^*。

例 6.3.1 利用 Newton 迭代格式求解方程 $xe^x-1=0$ 的近似解，取 $x_0=0.5$，要求精确到小数点后第 4 位。

解 令 $f(x)=xe^x-1$，则

$$f'(x)=e^x+xe^x$$

于是得到相应的 Newton 迭代格式

$$x_{k+1}=x_k-\frac{f(x_k)}{f'(x_k)}=x_k-\frac{x_ke^{x_k}-1}{e^{x_k}+x_ke^{x_k}},\quad k=0,1,2,\cdots$$

将 $x_0=0.5$ 代入上式，可以依次算出

$$x_1=0.57102\text{ ，}\quad x_2=0.56716\text{ ，}\quad x_3=0.56714\text{ ，}\quad \cdots$$

所以方程的近似解为 $x^*\approx 0.5671$。

例 6.3.2 用 Newton 迭代法建立求 $x^3-c=0(c>0)$ 近似解的迭代公式，并判断迭代格式的收敛阶。

解 作函数 $f(x)=x^3-c$，则 $f(x)=0$ 的根就是 $\sqrt[3]{c}$。Newton 迭代格式如下：

$$x_{n+1}=x_n+\frac{x_n^3-c}{3x_n^2}$$

根据 Newton 迭代的收敛性定理，迭代序列必收敛于 $\sqrt[3]{c}$，迭代格式为二阶收敛。

6.4 近似 Newton 迭代法

6.4.1 简化 Newton 法

应用 Newton 迭代公式

$$x_{n+1}=x_n-\frac{f(x_n)}{f'(x_n)},\quad n=0,1,\cdots \tag{6-4-1}$$

每一步需要计算 $f'(x_n)$。如果所遇到问题的 $f'(x)$ 很难计算，工作量将是很大的。为了避免计算导数值，可将 $f'(x_n)$ 取为某个定点处的导数值，如 $f'(x_0)$。这时迭代法为

$$x_{n+1}=x_n-\frac{f(x_n)}{f'(x_0)},\quad n=0,1,\cdots \tag{6-4-2}$$

称为简化 Newton 法，迭代函数为

$$\varphi(x)=x-\frac{f(x)}{f'(x_0)}$$

简化 Newton 法的几何意义是用过点 $(x_n,f(x_n))$ 且斜率为 $f'(x_0)$ 的直线 $y-f(x_n)=f'(x_0)(x-x_n)$ 来代替曲线，取该直线与 x 轴交点的横坐标 x_{n+1} 作为 x^* 的近似值，在一定条件下简化 Newton 迭代法是局部收敛的。

6.4.2 弦截法

为避开导数的计算，我们改用差商 $\dfrac{f(x_k)-f(x_0)}{x_k-x_0}$ 替换 Newton 公式中的导数，得到下列离散化形式

$$x_{k+1}=x_k-\frac{f(x_k)}{f(x_k)-f(x_0)}(x_k-x_0) \tag{6-4-3}$$

若将曲线 $y=f(x)$ 上横坐标为 x_k 的点记为 P_k，则差商 $\dfrac{f(x_k)-f(x_0)}{x_k-x_0}$ 表示弦线 $\overline{P_0P_k}$ 的斜率。容易看出，按公式（6-4-3）求得的 x_{k+1} 实际是弦线 $\overline{P_0P_k}$ 与 x 轴的交点，因此这种算法称为弦截法。

考察弦截法的收敛性，对迭代函数

$$\varphi(x)=x-\frac{f(x)}{f(x)-f(x_0)}(x-x_0)$$

求导，得

$$\varphi'(x^*)=1+\frac{f'(x^*)}{f(x_0)}(x^*-x_0)=1-\frac{f'(x^*)}{\frac{f(x^*)-f(x_0)}{x^*-x_0}}$$

当 x_0 充分接近 x^* 时，$0<|\varphi'(x^*)|<1$，故对迭代过程 $x_{k+1}=\varphi(x_k)$，如果 $\varphi^{(p)}(x)$ 在所求根 x^* 的邻域内连续，并且

$$\varphi'(x^*)=\varphi''(x^*)=\cdots\varphi^{(p-1)}(x^*)=0,\quad \varphi^{(p)}(x^*)\neq 0$$

则该迭代过程在点 x^* 邻域内是 p 阶收敛的，可证弦截法（6-4-3）为线性收敛。

6.4.3　快速弦截法

因为弦截法的收敛速度依然较慢，为提高收敛速度，我们改用差商 $\dfrac{f(x_k)-f(x_{k-1})}{x_k-x_{k-1}}$ 替代 Newton 公式中的导数 $f'(x_k)$，而得到如下迭代公式

$$x_{k+1}=x_k-\frac{f(x_k)}{f(x_k)-f(x_{k-1})}(x_k-x_{k-1}),\ (k=1,2,\cdots) \tag{6-4-4}$$

称为快速弦截法。

快速弦截法的特点在于它在计算 x_{k+1} 时要用到前面两步的信息 x_k, x_{k-1}，这种迭代法称为两步法。使用这类方法，在计算前必须提供两个初始值 x_0, x_1。算法实现如下：

（1）输入初始近似值 x_0, x_1，精度要求 ε，控制最大迭代数 M；

（2）$x_1-\dfrac{f(x_1)}{f(x_1)-f(x_0)}(x_1-x_0)\Rightarrow x_2,\quad 1\Rightarrow k$；

（3）当 $k<M$ 且 $|x_1-x_0|\geqslant\varepsilon$ 时，作循环

$$x_1\Rightarrow x_0,\ x_2\Rightarrow x_1,\ k+1\Rightarrow k,\ x_1-\frac{f(x_1)}{f(x_1)-f(x_0)}(x_1-x_0)\Rightarrow x_2;$$

（4）如果 $|x_1-x_2|<\varepsilon$，则输出迭代失败信息，结束。

6.4.4　Newton 下山法

Newton 法的优点是收敛速度快，缺点是当初始点 x_0 距方程的根 x^* 较远时，迭代可能不收敛。

为了保证当 x_0 离 x^* 较远时，迭代仍然收敛，在 Newton 迭代公式中增加一个参数 α_k，将迭代公式改为

$$x_{k+1}=x_k-\alpha_k\frac{f(x_k)}{f'(x_k)},\quad k=0,1,\cdots \tag{6-4-5}$$

其中 α_k 的选择应保证

$$|f(x_{k+1})|<|f(x_k)| \tag{6-4-6}$$

如何选择，通常是采用简单后退准则，即取 $\beta=\frac{1}{2}$，若 j_k 为不等式

$$\left|f(x_k-\beta^j)\frac{f(x_k)}{f(x_{k+1})}\right|<|f(x_k)| \tag{6-4-7}$$

成立时最小的 j，则取 $\alpha_k=\beta^{j_k}$。这种方法保证不等式（6-4-6）成立，所以当 x_0 距 x^* 较远时，也能保证其收敛性。

6.4.5 Quasi-Newton 法

Quasi-Newton 法是求解非线性优化问题最有效的方法之一，其实质是在某种近似意义下，用矩阵 B_k 近似地代替 $f'(x_k)$，从而得到如下形式的迭代法：

$$x_{k+1}=x_k-B_k^{-1}f(x_k),\quad k=0,1,\cdots \tag{6-4-8}$$

其中 $B_k\ (k=0,1,2,\cdots)$ 均非奇异，为了不要每次迭代都计算逆矩阵，我们设法构造 H_k 直接逼近 $f'(x_k)$ 的逆矩阵 $f'(x_k)^{-1}$。这样，迭代公式为

$$x_{k+1}=x_k-H_kf(x_k),\quad k=0,1,\cdots \tag{6-4-9}$$

我们称迭代格式（6-4-8）或（6-4-9）为 Quasi-Newton 格式。

假设 $f:R^n\to R^n$ 在凸集 $D\subset R^n$ 为 Frechet 可微。若 $x_k, x_{k+1}\in D$，则

$$\Delta x_k=x_{k+1}-x_k\in D$$

当 $\|\Delta x_k\|$ 很小时，

$$f(x_{k+1})-f(x_k)\cong f'(x_{k+1})\Delta x_k$$

于是，我们要求 B_{k+1} 满足关系式

$$f(x_{k+1})-f(x_k)=B_{k+1}\Delta x_k$$

记

$$y_k=f(x_{k+1})-f(x_k)$$

则可将上式写成

$$y_k=B_{k+1}\Delta x_k \tag{6-4-10}$$

或者，H_{k+1} 满足关系式

$$H_{k+1}y_k = \Delta x_k \tag{6-4-11}$$

通常，称（6-4-10）或（6-4-11）为 Quasi-Newton 方程。这是 Quasi-Newton 法中近似矩阵 B_{k+1} 或 H_{k+1} 所应满足的基本关系式。选取不同的矩阵序列 $\{B_k\}$ 或 $\{H_k\}$，将得到各类 Quasi-Newton 法。

6.5　习题 6

1. 求方程 $x^2-4x+289=0$ 根的 Newton 迭代格式是二阶公式吗？_________
2. 求方程 $x=g(x)$ 根的 Newton 迭代公式_________。
3. 求方程 $3x^2-4x+6=0$ 根的 Newton 迭代格式为________。
4. 求方程 $2x^2-4x+63=0$ 根的 Newton 迭代格式为________，收敛阶为_______。
5. 用 Newton 迭代法建立求 $\sqrt{a}$ 的迭代公式，并计算 $\sqrt{2}$ 的近似值。
6. 用 Newton 迭代法建立求 $\sqrt[4]{13}$ 的迭代公式。
7. 用 Newton 迭代法建立求 $x^3-7=0$ 近似解的迭代公式，并判断迭代格式的收敛阶。
8. 用弦截法和快速弦截法求方程 $x^3+3x^2-5x+10=0$ 的根，要求误差不超过 0.0001。

6.6　Matlab 程序设计（六）

6.6.1　基础实验

例 6.6.1　用 Newton 下山法求非线性方程组解的程序设计。

Newton 下山法的迭代公式：

$$x^{n+1} = x^n - w(F(x^n))^{-1}F(x^n)$$

w 的取值范围为 $0<w\leqslant 1$，为了保证收敛，还要求 w 的取值满足：

$$\|F(x^{n+1})\| < \|F(x^n)\|$$

可以用逐次减半法来确定 w。为了减少计算量，还可以用差商来代替偏导数。

在 Matlab 中利用 Newton 下山法编程实现非线性方程组解的函数为：muDNewton。

功能：用 Newton 下山法求非线形方程组的一个解。

调用格式：$[r,n]=muDNewton(x_0,eps)$

其中 x_0 为初始迭代向量，eps 为迭代精度，r 为求出的解向量，n 为迭代步数。

Newton 下山法的 Matlab 代码如下：

```
function[r,n]=mulDNewton(x0,eps)
%Newton下山法求非线形方程组的一个解
%初始迭代向量：x0
```

```
%迭代精度：eps
%解向量： r
%迭代步数：n
if nargin==1
    eps=1.0e-4;
    %输入的自变量的数目为1个时，精度定为eps=1.0e-4
end
r=x0-myf(x0)/dmyf(x0);
%当n=1时，取w=1
n=1;
tol=1;
%初始n和tol的值
while tol>eps
    x0=r;
    ttol=1;
    %初始ttol的值
    w=1;
    %初始w的值,w就是下山因子alpha
    F1=norm(myf(x0));
while ttol>=0
    r=x0-w*myf(x0)/dmyf(x0);
    ttol=norm(myf(r))-F1;
    w=w/2;
end
    tol=norm(r-x0);
    n=n+1;
if(n>100000)
    disp('迭代步数太多，可能不收敛！');
    return;
end
end
```

例 6.6.2 利用 Newton 下山法求解下面方程组

$$\begin{cases} 0.5\sin x_1 + 0.1\cos(x_1 x_2) - x_1 = 0 \\ 0.5\cos x_1 - 0.1\sin x_2 - x_2 = 0 \end{cases}$$

的根，取其初始值为 $(0,0)$。

程序：

首先建立 myf.m 函数文件，输入以下内容：

```
function f=myf(x)
```

```
f(1)=0.5*sin(x(1))+0.1*cos(x(2)*x(1))-x(1);
f(2)=0.5*cos(x(1))-0.1*sin((2))-x(2);
f=[f(1) f(2)];
```

再建立dmyf.m函数文件，求出导数的雅克比矩阵，输入以下内容:

```
function df=dmyf(x)
df=[0.5*cos(x(1))-0.1*x(2)*sin(x(2)*x(1))-1,
-0.1*x(1)*sin(x(2)*x(1));-0.5*sin(x(1)), -0.1*cos(x(2))-1];
```

然后，在Matlab命令窗口中输入:

```
[r,n]=mulDNewton([0,0])
```

运行结果：

```
r = 0.1981    0.3993
n = 5
```

由计算结果，初始迭代值取 (0,0) 时，用 5 步迭代得到了方程组的一组解（0.1981，0.3993）。

例 6.6.3　弦截法求非线性方程组解的程序设计。

弦截法的算法过程如下：

（1）过两点 $(a, f(a)),(b, f(b))$ 作一直线，它与 x 轴有一个交点，记为 x_1；

（2）如果 $f(a)f(x_1)<0$，过两点 $(a, f(a)),(x_1, f(x_1))$ 作一直线，它与 x 轴的交点记为 x_2，否则过两点 $(b, f(b)),(x_1, f(x_1))$ 作一直线，它与 x 轴的交点记为 x_2；

（3）如此下去，直到 $\left|x_n-x_{n-1}\right|<\varepsilon$，就可以认为 x_n 为 $f(x)=0$ 在区间 $[a,b]$ 上的一个根；

（4）x_k 的递推公式为：

$$\begin{cases} x_k=a-\dfrac{x_{k-1}-a}{f(x_{k-1})-f(a)}f(a), & f(a)f(x_{k-1})<0 \\ x_k=b-\dfrac{x_{k-1}-b}{f(x_{k-1})-f(b)}f(b), & f(a)f(x_{k-1})>0 \end{cases}$$

且 $x_1=a-\dfrac{b-a}{f(b)-f(a)}f(a)$。

在 Matlab 中编程实现的弦截法的函数为：Secant.m

功能：用弦截法求函数在某个区间的一个零点。

调用格式：root=Secant(f,a,b,eps)。

其中，f 为函数名；a 为区间左端点；b 为区间右端点；eps 为根的精度；root 为求出的函数零点。

```
function root=Secant(f,a,b,eps)
if(nargin==3)
     eps=1.0e-4;
end
f1=subs(sym(f),findsym(sym(f)),a);
```

```
f2=subs(sym(f),findsym(sym(f)),b);
if(f1==0)
        root=a;
end
if(f2==0)
        root=b;
end
if(f1*f2>0)
        disp('两端点函数值大于0!');
        return;
else
        tol=1;
fa=subs(sym(f),findsym(sym(f)),a);
fb=subs(sym(f),findsym(sym(f)),b);
root=a-(b-a)*fa./(fb-fa);
while (tol>eps)
        r1=root;
        fx=subs(sym(f),findsym(sym(f)),r1);
        s=fx*fa;
        if(s==0)
        root=r1;
    else
        if(s>0)
            root=b-(r1-b)*fb/(fx-fb);
        else
            root=a-(r1-a)*fa/(fx-fa);
        end
    end
    tol=abs(root-r1)
end
end
```

例 6.6.4 采用弦截法求方程 $\lg x+\sqrt{x}=2$ 在区间 $[1,4]$ 上的一个根。

程序：

```
>>r=Secant('sqrt(x)+log(x)-2',1,4)
```

运行结果：

```
r = 1.8773
```

由计算结果知方程在 $\lg x+\sqrt{x}=2$ 在区间 $[1,4]$ 上的一个根为 1.877 3。

6.6.2　动手提高

实验一　利用简单迭代法、Newton 迭代法、弦截法和快速弦截法求解方程

$$x^3+4x^2-10=0$$

在区间 $[1,2]$ 内的唯一实根，绝对误差限为 0.0001。

实验二　利用 Newton 下山法求解方程组

$$\begin{cases}2\sin x_1+0.5\cos x_2=1\\ \sin x_1+2x_1+0.6\cos x_2=1\end{cases}$$

的根，取其初始值为 $(0,0)$。

6.7　大数学家——牛顿（Newton）

牛顿，数学家、科学家、哲学家，1642 年出生于英格兰的林肯郡，卒于 1727 年。牛顿被誉为人类历史上最伟大的科学家之一。他在 1687 年 7 月 5 日发表的《自然哲学的数学原理》里提出的万有引力定律以及牛顿运动定律，这两个定律是经典力学的基石。万有引力定律在人类历史上第一次把天上的运动和地上的运动统一起来，为日心说提供了有力的理论支持，使得自然科学的研究最终挣脱了宗教的枷锁。牛顿和莱布尼茨各自独立地发明了微积分，后来牛顿发现了太阳光的颜色构成，制作了世界上第一架反射望远镜。

1642 年的圣诞节前夜，在英格兰林肯郡沃尔斯索浦的一个农民家庭里，牛顿诞生了。牛顿是一个早产儿，出生时只有 3 磅重。接生婆和他的母亲都担心他能否活下来。谁也没有料到这个看起来微不足道的小东西会成为了一位震古烁今的科学巨人,并且竟活到了 85 岁的高龄。在牛顿出生前三个月，牛顿父亲便去世了。在他两岁时，母亲改嫁，从此牛顿便由外祖母抚养。11 岁时，母亲的后夫去世，牛顿才回到了母亲身边。大约从 5 岁开始，牛顿被送到公立学校读书，12 岁时进入中学。少年时的牛顿并不是神童，他资质平常，成绩一般，但他喜欢读书，喜欢看一些介绍各种简单机械模型制作方法的读物，并从中受到启发，自己动手制作些奇奇怪怪的小玩意，如风车、木钟、折叠式提灯等等。某天药剂师的房子附近正建造风车，小牛顿在旁边把风车的机械原理摸透后，自己也制造了一架小风车。推动他的风车转动的，不是风，而是动物。他将老鼠绑在一架有轮子的踏车上，然后在轮子的前面放上一粒玉米，刚好那地方是老鼠可望不可及的位置。老鼠想吃玉米，就不断地跑动，于是轮子不停的转动。他还制造了一个小水钟。每天早晨，小水钟会自动滴水到他的脸上，催他起床。后来，迫于生活，母亲让牛顿停学在家务农。但牛顿对务农并不感兴趣，一有机会便埋首书卷。每次，母亲叫他同她的佣人一道上市场，熟悉做交易的生意经时，他便恳求佣人一个人上街，自己则躲在树丛后看书。有一次，牛顿的舅父起了疑心，就跟踪牛顿上市镇去，他发现他的外甥伸着腿，躺在草地上，正在聚精会神地钻研一个数学问题。牛顿的好学精神感动了舅父，于是舅父劝服了牛顿母亲让牛顿复学。牛顿又重新回到了学校，如饥似渴地汲取着书本上的

营养。牛顿 19 岁时进入剑桥大学，成为三一学院的减费生，靠为学院做杂务的收入支付学费。在这里，牛顿开始接触到大量自然科学著作，经常参加学院举办的各类讲座，包括地理、物理、天文和数学。牛顿的第一任教授伊萨克·巴罗是个博学多才的学者。这位学者独具慧眼，看出了牛顿具有深邃的观察力、敏锐的理解力。于是将自己的数学知识，包括计算曲线图形面积的方法，倾囊相授给牛顿，并把牛顿引向了近代自然科学的研究领域。后来，牛顿在回忆时说道："巴罗博士当时讲授关于运动学的课程，也许正是这些课程促使我去研究这方面的问题。"当时，牛顿在数学课程上很大程度是依靠自学的。他学习了欧几里德的《几何原本》、笛卡儿的《几何学》、沃利斯的《无穷算术》、巴罗的《数学讲义》及韦达等许多数学家的著作。其中，对牛顿具有决定性影响的要数笛卡儿的《几何学》和沃利斯的《无穷算术》，它们将牛顿迅速引导到当时数学领域的最前沿——解析几何与微积分。1664 年，牛顿被选为巴罗的助手。第二年，剑桥大学评议会通过了授予牛顿大学学士学位的决定。正当牛顿准备留校继续深造时，严重的鼠疫席卷了英国，剑桥大学因此而关闭，牛顿离校返乡。家乡安静的环境使得他的思想展翅飞翔，以整个宇宙作为其藩篱。这短暂的时光成为牛顿科学生涯中的黄金岁月，他的三大成就：微积分、万有引力、光学分析的思想就是在这时孕育成形的。可以说此时的牛顿已经开始着手描绘他一生大多数科学创造的蓝图。

在牛顿的全部科学贡献中，数学成就占有突出的地位。他数学生涯中的第一项创造性成果就是发现了二项式定理。据牛顿本人回忆，他是在 1664 年和 1665 年间的冬天，在研读沃利斯博士的《无穷算术》并试图修改他的求圆面积的级数时发现这一定理的。牛顿为解决运动问题，创立一种和物理概念直接联系的数学理论，牛顿称之为"流数术"，也就是微积分，这个理论是牛顿最卓越的数学成就。它所处理的一些具体问题，如切线问题、求积问题、瞬时速度问题以及函数的极大值和极小值问题等。这些问题在牛顿之前人们已经研究了。但牛顿超越了前人，他站在了更高的角度，对以往分散的努力加以综合，将求解无限小问题的各种技巧统一为两类普通的算法——微分和积分，并确立了这两类运算的互逆关系，从而完成了微积分发明中最关键的一步，为近代科学发展提供了最有效的工具，开辟了数学上的一个新纪元。1707 年，牛顿的代数讲义经整理后出版，定名为《普遍算术》。他主要讨论了代数基础及其在解决各类问题中的应用。书中陈述了代数基本概念与基本运算，用大量实例说明了如何将各类问题化为代数方程，同时对方程的根及其性质进行了深入探讨，引出了方程论方面的丰硕成果，例如，他得出了方程的根与其判别式之间的关系，指出可以利用方程系数确定方程根之幂的和数，即"牛顿幂和公式"。牛顿在解析几何以及综合几何方面都有贡献。他在 1736 年出版的《解析几何》中引入了曲率中心，给出了密切线圆概念，提出曲率公式及计算曲线的曲率方法。并将自己的许多研究成果总结成专论《三次曲线枚举》，于 1704 年发表。此外，他的数学工作还涉及数值分析、概率论和初等数论等众多领域。

牛顿是经典力学理论理所当然的开创者。他系统地总结了伽利略、开普勒和惠更斯等人的工作，得到了著名的万有引力定律和牛顿运动三定律。1687 年，牛顿出版了代表作《自然哲学的数学原理》，这是一部力学的经典著作。牛顿在这部书中，从力学的基本概念（质量、动量、惯性、力）和基本定律（运动三定律）出发，运用他所发明的微积分这一锐利的数学工具，建立了经典力学的完整而严密的体系，把天体力学和地面上的物体力学统一起来，实现了物理学史上第一次大的综合。在光学方面，牛顿也取得了巨大成果。他利用三棱镜试验了白光分解为的有颜色的光，最早发现了白光的组成。他对各色光的折射率进行了精确分析，说明了色散现象的本质。他指出，由于不同颜色的光的折射率和反射率不同，才造成物体颜色的差别，从而揭开了颜色之迷。牛顿还提出了光的“微粒说”，认为光是由微粒形成的，并且走的是最快速的直线运动路径。他的“微粒说”与后来惠更斯的“波动说”构成了关于光的两大基本理论。此外，他还制作了牛顿色盘和反射式望远镜等多种光学仪器。牛顿的研究领域非常广泛，他几乎在他所涉足的每个科学领域都做出了重要的成绩。他研究过计温学，观测水沸腾或凝固时的固定温度，研究热物体的冷却律，以及一些其他课题。

第 7 章　微分方程的数值求解

科学计算中的许多实际问题最终都可以转化为求解微分方程，因此求解微分方程就显得非常重要。然而微分方程理论中能够直接求解析解的问题又很少，只有非常简单和很特殊的微分方程才能求出问题的解析解，所以求微分方程解析解就显得困难重重，就有必要考虑微分方程的近似解。微分方程主要分为常微分方程和偏微分方程两类，本章主要考虑常微分方程，特别是初值问题的数值求解。

7.1　Euler 方法

定义 7.1.1　一阶常微分方程

$$\begin{cases} y' = f(x,y) \\ y(x_0) = y_0 \end{cases} \tag{7-1-1}$$

称为初值问题。

定理 7.1.1（解的存在唯一性）　如果函数 $f(x,y)$ 在区域 $0 \leqslant x \leqslant M$，$|y| < +\infty$ 内连续，且关于 y 满足 Lipschitz 条件，则初值问题（7-1-1）存在唯一解。

定义 7.1.2　微分方程的数值解，也称为微分方程的近似解，即假设微分方程的精确解为 $y(x)$，取一系列等分的离散点 $x_0 < x_1 < \cdots < x_n$，$h = x_i - x_{i-1}$，求解 $y(x)$ 在离散点的近似值 $y_0, y_1, \cdots, y_n$ 的方法称为微分方程的数值解法，$y_0, y_1, \cdots, y_n$ 称为微分方程的数值解。

一般求微分方程数值解的思想是首先建立某种迭代格式，然后利用初值 y_0 代入迭代格式依次求出节点 x_i（$i = 1, 2, \cdots, n$）的相应函数值 $y_1, \cdots, y_n$。

定义 7.1.3　微分方程数值解中，如果能够从 y_0 逐步直接算出 $y_1, \cdots, y_n$ 的方法称为显式方法；反之，如果不能直接从 y_0 算出 y_1，从 y_1 算出 y_2，而必须每一步都求解一个非线性方程，依次算出 $y_1, \cdots, y_n$，这样的方法称为隐式方法。

这一节将主要介绍五种常用的 Euler 迭代格式：Euler 格式、后退 Euler 格式、两步 Euler 格式、梯形公式和改进 Euler 格式。

定义 7.1.4　如果微分方程的数值解法的局部截断误差为 $o(h^{p+1})$，则这种数值解法称为 p 阶方法。

7.1.1　Euler 格式

Euler 格式（一阶显式格式）为：

$$y_{n+1}=y_n+hf(x_n,y_n)$$

1. Euler 格式的推导

由式（7-1-1），可得

$$y'(x_0)=f(x_0,y(x_0))=f(x_0,y_0)$$

利用 Taylor 展式，有

$$y(x_1)=y(x_0+h)\approx y(x_0)+hy'(x_0)=y(x_0)+hf(x_0,y_0)$$

则可以得到递推公式

$$y_1=y_0+hf(x_0,y_0)$$

依此类推，可以获得一般的 Euler 格式

$$y_{n+1}=y_n+hf(x_n,y_n)$$

2. Euler 格式的收敛阶

假设 $y_n=y(x_n)$ 时，则有

$$y_{n+1}=y(x_n)+hf(x_n,y(x_n))=y(x_n)+hy'(x_n)$$

又据 Taylor 公式有

$$y(x_{n+1})=y(x_n)+hy'(x_n)+\frac{h^2}{2}y''(\xi)$$

其中 $x_n<\xi<x_{n+1}$，
故有

$$y(x_{n+1})-y_{n+1}=\frac{h^2}{2}y''(\xi)$$

由此便知 Euler 公式是一阶方法，精度较低。

7.1.2　后退 Euler 格式

后退 Euler 格式（一阶隐式格式）为：

$$y_{n+1}=y_n+hf(x_{n+1},y_{n+1})$$

1. 后退 Euler 格式的推导

在 Euler 格式中，

$$\frac{y_{n+1}-y_n}{h}=f(x_n,y_n)=y'(x_n)$$

即用比值 $\frac{y_{n+1}-y_n}{h}$ 来近似 $y'(x_n)$。如果利用 $y'(x_{n+1})$ 替代 $y'(x_n)$，则有

$$\frac{y_{n+1}-y_n}{h}=y'(x_{n+1})=f(x_{n+1},y(x_{n+1}))\approx f(x_{n+1},y_{n+1})$$

于是得到后退 Euler 格式

$$y_{n+1}=y_n+hf(x_{n+1},y_{n+1})$$

2. 后退 Euler 格式的收敛阶和计算方法

后退 Euler 格式和 Euler 格式都是以一阶差商逼近一阶导数而推导出的公式，因此其收敛阶相同，都为一阶方法。

后退 Euler 公式的迭代计算过程如下：

$$\begin{cases}y_{n+1}^{0}=y_n+hf(x_n,y_n)\\ y_{n+1}^{(k+1)}=y_n+hf(x_{n+1},y_{n+1}^{(k)})\end{cases}$$

有

$$\begin{aligned}\left|y_{n+1}^{(k+1)}-y_{n+1}\right|&=h\left|f(x_{n+1},y_{n+1}^{(k)})-f(x_{n+1},y_{n+1})\right|\\&\leqslant hL\left|y_{n+1}^{(k)}-y_{n+1}\right|\leqslant\cdots\leqslant(hL)^{k+1}\left|y_{n+1}^{(0)}-y_{n+1}\right|\end{aligned}$$

又因为 $hL<1$，有

$$y_{n+1}^{(k+1)}\to y_{n+1}(k\to\infty)$$

在迭代公式中取极限，有

$$y_{n+1}=y_n+hf(x_{n+1},y_{n+1})$$

因此 $y_{n+1}^{(k)}$ 的极限就是隐式方程的解。

7.1.3 两步 Euler 格式

两步 Euler 格式（两步二阶显式格式）为：

$$y_{n+1}=y_{n-1}+2hf(x_n,y_n)$$

1. 两步 Euler 格式的推导

由 Euler 格式，可得

$$\frac{y_{n+1}-y_n}{h}=y'(x_n)$$

如果利用 $\frac{y_{n+1}-y_{n-1}}{2h}$ 替代 $\frac{y_{n+1}-y_n}{h}$，则有

$$\frac{y_{n+1}-y_{n-1}}{2h}=f(x_n,y_n)$$

于是获得两步 Euler 格式

$$y_{n+1}=y_{n-1}+2hf(x_n,y_n)$$

2. 两步 Euler 格式的收敛阶

对两步 Euler 公式，在分析局部截断误差时，我们假设前两步计算都是精确的，即：

$$y_n = y(x_n)\,,\quad y_{n-1} = y(x_{n-1})$$

则由 Taylor 展式有

$$y(x_{n+1}) = y(x_{n-1}) + 2hy'(x_n) + \frac{h^3}{3}y'''(\xi)$$

又因为

$$y_{n+1} = y(x_{n-1}) + 2hf(x_n, y(x_n)) = y(x_{n-1}) + 2hy'(x_n)$$

从而有

$$y(x_{n+1}) - y_{n+1} = \frac{h^3}{3}y'''(\xi)$$

因此，两步 Euler 公式为二阶方法。

7.1.4　梯形公式

梯形公式（二阶隐式格式）为：

$$y_{n+1} = y_n + h\frac{f(x_n, y_n) + f(x_{n+1}, y_{n+1})}{2}$$

1. 梯形公式的推导

将 Euler 格式和后退 Euler 格式求和，得到

$$2y_{n+1} = 2y_n + hf(x_n, y_n) + hf(x_{n+1}, y_{n+1})$$

移项可得

$$y_{n+1} = y_n + h\frac{f(x_n, y_n) + f(x_{n+1}, y_{n+1})}{2}\text{。}$$

例 7.1.1　取步长 $h = 0.2$，用梯形方法求解初值问题 $\begin{cases} y' = 8 - 3y \\ y(1) = 2 \end{cases}$ $(1 \leqslant x \leqslant 2)$，小数点后至少保留 5 位。

解　建立梯形公式的迭代格式：

$$\begin{aligned} y_{n+1} &= y_n + 0.1[f(x_n, y_n) + f(x_{n+1}, y_{n+1})] \\ &= y_n + 0.1[8 - 3y_n + 8 - 3y_{n+1}] \end{aligned}$$

可得 $y_{n+1} = \frac{7}{13}y_n + \frac{16}{3}$。迭代计算如下：$h = 0.2$，$y_0 = 2$，

x_n	y_n
1.2	2.307 69
1.4	2.437 37
1.6	2.562 58
1.8	2.160 62
2.0	2.636 49

2. 梯形公式的收敛阶和计算方法

类似前面的方法，可以证明梯形公式的局部截断误差 $R_{n+1}=y(x_{n+1})-y_{n+1}=o(h^3)$，即梯形公式具有 2 阶精度。

梯形公式的迭代计算过程如下：

$$\begin{cases} y_{n+1}^{0}=y_n+hf(x_n,y_n) \\ y_{n+1}^{(k+1)}=y_n+\dfrac{h}{2}[f(x_n,y_n)+f(x_{n+1},y_{n+1}^{(k)})] \end{cases}$$

得到

$$\begin{aligned}\left|y_{n+1}^{(k+1)}-y_{n+1}\right|&=\frac{h}{2}\left|f(x_{n+1},y_{n+1}^{(k)})-f(x_{n+1},y_{n+1})\right| \\ &\leqslant\frac{h}{2}L\left|y_{n+1}^{(k)}-y_{n+1}\right|\leqslant\cdots\leqslant\left(\frac{hL}{2}\right)^{k+1}\left|y_{n+1}^{(0)}-y_{n+1}\right|\end{aligned}$$

当 $h<\dfrac{2}{L}$ 时，$\dfrac{hL}{2}<1$，有

$$y_{n+1}^{(k+1)}\to y_{n+1}\quad(k\to\infty)$$

在迭代公式中取极限，得到

$$y_{n+1}=y_n+\frac{h}{2}[f(x_n,y_n)+f(x_{n+1},y_{n+1})]$$

因此 $y_{n+1}^{(k)}$ 的极限就是隐式方程的解。

7.1.5 改进 Euler 格式

改进 Euler 格式（二阶显式格式）为：

$$\text{预测：}\quad \bar{y}_{n+1}=y_n+hf(x_n,y_n)$$

$$\text{校正：}\quad y_{n+1}=y_n+h\frac{f(x_n,y_n)+f(x_{n+1},\bar{y}_{n+1})}{2}$$

Euler 格式是一种显式一阶格式，显式是它的优点，但是它的收敛阶只有一阶。梯形公式是一种隐式二阶格式，它的收敛阶为二阶，但是它是隐式公式，计算起来比较复杂。为了结合两种公式的优点，我们建立了一种新的格式：改进 Euler 格式。

改进 Euler 格式的基本想法是首先利用 Euler 格式获得一个较粗糙的近似解，这个解的精度不高，也就是预测步

$$\overline{y}_{n+1} = y_n + hf(x_n, y_n)$$

为了提高 Euler 格式预测值的精度，利用梯形公式来对 $\overline{y}_{n+1}$ 进行校正，也就是校正步

$$y_{n+1} = y_n + h\frac{f(x_n, y_n) + f(x_{n+1}, \overline{y}_{n+1})}{2}$$

结合预测步和校正步，得到整个的改进 Euler 格式

$$y_{n+1} = y_n + h\frac{f(x_n, y_n) + f(x_{n+1}, y_n + hf(x_n, y_n))}{2}$$

从格式的形式来看，这显然是一个显式格式。但是它集成了梯形公式的优点，具有二阶精度，所以综合来看它是一个二阶显式格式。因此在许多实际问题中，大家比较喜欢采用改进 Euler 格式来求解一些简单的微分方程。

例 7.1.2　取步长 $h = 0.1$，用改进 Euler 方法求解初值问题

$$\begin{cases} y' = x^2 + x - y \\ y(0) = 0 \end{cases} \quad (0 \leqslant x \leqslant 0.5)$$

解　建立改进 Euler 的迭代格式：

$$\begin{aligned} y_{n+1} &= y_n + 0.05[(x_n^2 + x_n - y_n) + x_{n+1}^2 + x_{n+1} - (y_n + 0.1(x_n^2 + x_n - y_n))] \\ &= y_n + 0.05(1.9x_n^2 + 2.1x_n - 1.9y_n + 0.11) \end{aligned}$$

迭代计算如下：

x_n	y_n
0.1	0.005 50
0.2	0.021 93
0.3	0.050 15
0.4	0.090 94
0.5	0.145 00

7.2　Runge-Kutta 方法

Runge-Kutta 方法是高精度单步法，它不需要附加初值，计算过程可以随意改变步长，这是它的重要优点之一。Runge-Kutta 方法常用来计算线性多步法的起始值。在应用数值方法求解微分方程时，单从每一步来看，步长越小，截断误差就越小。但是随着步长的缩小，在一定求解范围内所要完成的步数就增加了，步数的增加不但引起计算量的增大，而且可能导致舍入误差的严重积累。所以，适当选择步长是非常重要的，Runge-Kutta 方法就特别适合不同步长的计算。

Runge-Kutta 方法避免在算式中直接用到 $f(x, y)$ 的微商，实质上是间接使用 Taylor 展式的一种技术。它的基本思想是利用 $f(x, y)$ 在某些点函数值的线性组合构成，使其按 Taylor 展开后与初值问题解的 Taylor 展式比较，有尽可能多的项完全相同以确定其中的参数，从而保

证算式有较高的精度。

考察差商 $\dfrac{y(x_{n+1})-y(x_n)}{h}$，根据微分中值定理，存在 $0<\theta<1$，使得：

$$\frac{y(x_{n+1})-y(x_n)}{h}=y'(x_n+\theta h)$$

于是，由 $y'=f(x,y)$ 得：

$$y(x_{n+1})=y(x_n)+hf(x_n+\theta h,\ \ y(x_n+\theta h))$$

记 $K^*=f(x_n+\theta h, y(x_n+\theta h))$，则 K^* 称为区间 $[x_n,x_{n+1}]$ 上的平均斜率。下面介绍一种由式 $y(x_{n+1})=y(x_n)+hf(x_n+\theta h,\ \ y(x_n+\theta h))$ 导出的平均斜率的算法。

在 Euler 公式中，简单的取点 x_n 的斜率 $K_1=f(x_n,y_n)$ 作为平均斜率 K^*，精度自然很低。Euler 公式可以改写成如下平均化的公式：

$$\begin{cases}y_{n+1}=y_n+\dfrac{h}{2}(K_1+K_2)\\ K_1=f(x_n,y_n)\\ K_2=f(x_{n+1},y_n+hK_1)\end{cases}$$

上述公式可以理解为：用 x_n 与 x_{n+1} 两个点的斜率值 K_1 与 K_2 取算术平均作为平均斜率 K^*，而 x_{n+1} 处的斜率值 K_2 则通过已知信息 y_n 来预测。

如果能够在区间 $[x_n,x_{n+1}]$ 内多预测几个点的预测值，然后把它们函数值的线性组合 $\varphi(x_n,y_n,h)$ 作为平均斜率 K^*，则有可能构造出具有更高精度的计算公式。

构造 p 阶 Runge-Kutta 方法的公式如下：

$$\begin{cases}\varphi(x_n,y_n,h)=\displaystyle\sum_{j=1}^{p}c_jK_j\\ K_1=f(x_n,y_n)\\ K_j=f(x_n+a_jh,y_n+h\displaystyle\sum_{l=1}^{j-1}b_{jl}K_l)\end{cases}$$

其中 c_j，a_j 和 b_{jl} 是待定系数，a_j 和 b_{jl} 满足 $a_j=\displaystyle\sum_{l=1}^{j-1}b_{jl}(j=1,2,3,\cdots,p)$。

7.2.1 Taylor 替代展开方法

由于 Runge-Kutta 方法和 Taylor 级数有密切关系，所以先介绍一下 Taylor 展开方法。利用 Taylor 展开式

$$y(x_{n+1})=y(x_n)+hy'(x_n)+\frac{h^2}{2}y''(x_n)+\cdots$$

省去 h 的非线性项，就是 Euler 公式

$$y_{n+1} = y_n + hf(x_n, y_n)$$

显然可见，为了获得求解初值问题更好的方法，应当采用更多的项，比如 $p+1$ 项，这样就得到 p 阶 Taylor 展开法：

$$y_{n+1} = y_n + hy'_n + \frac{h^2}{2!}y''_n + \cdots + \frac{h^p}{p!}y_n^{(p)}$$

$$E_{n+1} = \frac{1}{(p+1)!}h^{p+1}y^{(p+1)}(\zeta_n)$$

根据复合函数求导法则，并注意到 $y_n = y(x_n)$，这里的 $y_n^{(k)}$ 计算公式为

$$\begin{cases} y'_n = f(x_n, y_n) \\ y''_n = f'_x(x_n, y_n) + f'_y(x_n, y_n)y'_n \\ y'''_n = f''_{xx}(x_n, y_n) + 2f''_{xy}(x_n, y_n) + f''_{yy}(x_n, y_n)(y')^2 + f'_y(x_n, y_n)y''_n \\ \cdots \end{cases}$$

Runge-Kutta 方法具有 Taylor 方法的高阶局部截断误差，同时不需要计算 $f(x,y)$ 的导数和求值。在推导 Runge-Kutta 方法的思想之前，介绍关于两个变量的 Taylor 多项式定理。

假设 $f(x,y)$ 及其阶数小于或等于 $n+1$ 的所有偏导数在 $D=\{(x,y)|a\leqslant x\leqslant b,\ c\leqslant y\leqslant d\}$ 上连续，令 $(x_0,y_0)\in D$，对每一个 $(x,y)\in D$，在 x 和 x_0 之间存在一点 ξ，在 y 和 y_0 之间存在一点 μ 满足

$$f(x,y) = P_n(x,y) + R_n(x,y)$$

其中

$$\begin{aligned} P_n(x,y) = {} & f(x_0,y_0) + \left[(x-x_0)\frac{\partial f}{\partial x}(x_0,y_0) + (y-y_0)\frac{\partial f}{\partial y}(x_0,y_0)\right] + \\ & \left[\frac{(x-x_0)^2}{2}\frac{\partial^2 f}{\partial x^2}(x_0,y_0) + (x-x_0)(y-y_0)\frac{\partial^2 f}{\partial x \partial y}(x_0,y_0) + \frac{(y-y_0)^2}{2}\frac{\partial^2 f}{\partial y^2}(x_0,y_0)\right] + \cdots + \\ & \left[\frac{1}{n!}\sum_{j=0}^{n}\binom{n}{j}(x-x_0)^{n-j}(y-y_0)^j \frac{\partial^n f}{\partial x^{n-j}\partial y^j}(x_0,y_0)\right] \end{aligned}$$

且

$$R_n(x,y) = \frac{1}{(n+1)!}\sum_{j=0}^{n+1}\binom{n+1}{j}(x-x_0)^{n+1-j}(y-y_0)^j \frac{\partial^{n+1} f}{\partial x^{n+1-j}\partial y^j}(\xi,\mu)$$

函数 $P_n(x,y)$ 称为函数 f 关于 (x_0,y_0) 的两个变量的 n 阶 Taylor 多项式，$R_n(x,y)$ 是与 $P_n(x,y)$ 相关的余项。

7.2.2 Runge-Kutta 法的基本思想

由局部截断误差可知，当 $y(x_{n+1})=y(x_n+h)$ 用点 x_n 处的一阶 Taylor 多项式 $y_{n+1}=y_n+hf(x_n,y_n)$ 近似时可得 Euler 方法，其局部截断误差为一阶 Taylor 余项 $o(h^2)$。完全类似地，若用点 x_n 处的 p 阶 Taylor 多项式近似函数 $y(x_{n+1})$，即

$$y(x_{n+1})=y(x_n+h)\approx y_{n+1}=y(x_n)+hy'(x_n)+\cdots+\frac{h^p}{p!}y^{(p)}(x_n)$$

其中 $y'(x)=f(x,y),y''(x)=f_x(x,y)+f_y(x,y)f(x,y),\cdots$，则局部截断误差应为 p 阶 Taylor 公式的余项 $o(h^{p+1})$。而提高 Taylor 公式的阶 p，即可以提高计算结果的精度。从理论上讲，只要解 $y(x)$ 充分光滑，利用函数的 Taylor 展开可以构造任意高精度的数值方法。但事实上，具体构造时往往是相当困难的，因为若直接对 $y(x)$ 用高次 Taylor 多项式近似，则因公式中出现 $f(x,y)$ 的各阶导数，导致计算过分繁琐，工作量大而不实用。因此，一般不直接使用 Taylor 展开方法，而是设法间接使用，以求得精度较高的数值方法。下面介绍间接使用 Taylor 展开方法来构造 Runge-Kutta 方法。

为了导出 Runge-Kutta 方法，先对 Euler 公式作进一步的分析：

Euler 方法可以写成

$$\begin{aligned}&y_{n+1}=y_n+h\left(\frac{k_1}{2}+\frac{k_2}{2}\right)\\&k_1=f(x_n,y_n)\\&k_2=f(x_n+h,y_n+hk_1)\end{aligned}$$

用它计算 y_{n+1}，需计算两次 $f(x,y)$ 的展开式与 $y(x_{n+1})$ 的 Taylor 展开式，若前三项完全相同，即局部截断误差为 $o(h^3)$。

上述两种公式在形式上有一个共同点：都是用 $f(x,y)$ 在某些点上的值的线性组合得出 $y(x_{n+1})$ 的近似值 y_{n+1}，而且可以看出，增加计算 $f(x,y)$ 的次数，可以提高截断误差的阶数。

类似地，Runge-Kutta 方法的基本思想也是设法计算 $f(x,y)$ 在某些点上的函数值，然后对这些函数值作线性组合，构造近似计算公式，再把近似公式和解的 Taylor 展开式相比较，使前面的若干项吻合，从而获得达到一定精度的数值计算公式。

一般的显式 Runge-Kutta 方法的形式为

$$\begin{cases}y_{n+1}=y_n+h\sum\limits_{i=1}^{r}c_ik_i\\k_1=f(x_n,y_n)\\k_i=f(x_n+\lambda_ih,y_n+h\sum\limits_{j=1}^{i-1}u_{ij}k_j)\quad(i=2,3,\cdots,r)\end{cases}$$

其中 c_i,λ_i,u_{ij} 均为常数。选择这些常数的原则：在上式第一个式子的右端 I_n,y_n 处作 Taylor 展开后按 h 的幂次作升幂排列重新整理，得

$$y_{n+1}=y(x_n)+\gamma_1h+\frac{1}{2!}\gamma_2h^2+\cdots$$

再与精确解 $y(x)$ 在 $x = x_0$ 处的 Taylor 展开式

$$\begin{aligned} y(x_{n+1}) &= y(x_n + h) \\ &= y(x_n) + hy'(x_n) + \frac{h^2}{2!}y''(x_n) + \cdots + \frac{h^p}{p!}y^{(p)}(x_n) + o(h^{p+1}) \end{aligned}$$

相比较，使其有尽可能多的项重合。例如，要求

$$\gamma_1 = y'(x_n),\ \gamma_2 = y''(x_n),\ \cdots,\ \gamma_p = y^{(p)}(x_n)$$

就得到 p 个方程，从而定出参数 c_i, λ_i, u_{ij}，再代入 $k_1, k_2, \cdots, k_r$ 的表达式，就可得到计算微分方程初值问题的数值计算公式

$$y_{n+1} = y_n + h\sum_{i=1}^{r} c_i k_i$$

上式称为 r 级 Runge-Kutta 方法的计算公式。

若式 $\gamma_1 = y'(x_n),\ \gamma_2 = y''(x_n),\ \cdots,\ \gamma_p = y^{(p)}(x_n)$ 与 $y(x_{n+1})$ 的 Taylor 展开式的前 $p+1$ 项完全一致，即局部截断误差达到 $o(h^{p+1})$，则称式 $y_{n+1} = y_n + h\sum_{i=1}^{r} c_i k_i$ 为 p 阶 r 级的 Runge-Kutta 方法。

当 $r=1$ 时，就是 Euler 方法，此时方法的阶为 $p=1$；当 $r=2$ 时，改进的 Euler 方法就是其中的一种，要使式 $y_{n+1} = y_n + h\sum_{i=1}^{r} c_i k_i$ 具有更高的阶 p，就要增加 r 的值。

7.2.3　二阶 Runge-Kutta 方法

对改进的 Euler 方法进行推广，随意考察区间 $[x_n, x_{n+1}]$ 内的一点

$$x_{n+p} = x_n + ph,\ \ 0 < p \leqslant 1$$

将 x_n 和 x_{n+p} 两个点的斜率 k_1 和 k_2 做加权平均，得到平均斜率 $\bar{k}$，即设

$$y_{n+1} = y_n + h[(1-\lambda)k_1 + \lambda k_2]$$

其中 λ 为待定系数，这里仍取 $k_1 = f(x_n, y_n)$，至于怎样选取 x_{n+p} 处的斜率值 k_2，分析如下：先用 Euler 公式提供 $y(x_{n+p})$ 的预测值 y_{n+p}，即

$$y_{n+p} = y_n + phk_1$$

然后用 y_{n+p} 通过计算函数产生斜率 k_2 如下：

$$k_2 = f(x_{n+p}, y_{n+p})$$

因此，由上述方法设计出的计算公式为

$$\begin{cases} y_{n+1} = y_n + h[(1-\lambda)k_1 + \lambda k_2] \\ k_1 = f(x_n, y_n) \\ k_2 = f(x_{n+p}, y_n + phk_1) \end{cases}$$

公式中含有两个待定参数 λ 和 p，应适当选取这两个参数值，具体做法如下：

假定 $y_n = y(x_n)$，分别将 k_1 和 k_2 进行 Taylor 展开，则有

$$\begin{aligned} k_1 &= f(x_n, y_n) = y'(x_n) \\ k_2 &= f(x_{n+p}, y_n + phk_1) \\ &= f(x_n, y_n) + ph[f_x(x_n, y_n) + f(x_n, y_n) f_y(x_n, y_n)] + o(h^2) \\ &= y'(x_n) + phy''(x_n) + o(h^2) \end{aligned}$$

将上式代入

$$\begin{cases} y_{n+1} = y_n + h\left[(1-\lambda)k_1 + \lambda k_2\right] \\ k_1 = f(x_n, y_n) \\ k_2 = f(x_{n+p}, y_n + phk_1) \end{cases}$$

得

$$y_{n+1} = y(x_n) + hy'(x_n) + \lambda ph^2 y''(x_n) + o(h^3)$$

而 $y(x_{n+1})$ 的二阶 Taylor 展开式为

$$y(x_{n+1}) = y(x_n) + hy'(x_n) + \frac{h^2}{2} y''(x_n) + o(h^3)$$

比较式

$$y_{n+1} = y(x_n) + hy'(x_n) + \lambda ph^2 y''(x_n) + o(h^3)$$

和式

$$y(x_{n+1}) = y(x_n) + hy'(x_n) + \frac{h^2}{2} y''(x_n) + o(h^3)$$

可知，要使式

$$\begin{cases} y_{n+1} = y_n + h\left[(1-\lambda)k_1 + \lambda k_2\right] \\ k_1 = f(x_n, y_n) \\ k_2 = f(x_{n+p}, y_n + phk_1) \end{cases}$$

的截断误差为 $o(h^3)$，只要下式成立

$$\lambda p = \frac{1}{2}$$

满足这一条件的一组式，统称为二阶 Runge-Kutta 公式。特别是当 $p=1$、$\lambda = \frac{1}{2}$ 时，二阶 Runge-Kutta 公式就是改进的 Euler 公式。如果取 $p = \frac{1}{2}$、$\lambda = 1$ 时，二阶 Runge-Kutta 公式则称为变形的 Euler 公式，其形式为：

$$
\begin{aligned}
&y_{n+1} = y_n + hk_2 \\
&k_1 = f(x_n, y_n) \\
&k_2 = f\left(x_{n+\frac{1}{2}}, y_n + \frac{h}{2}k_1\right)
\end{aligned}
$$

将梯形求积公式用于式 $y_{n+1} = y_n + \int_{x_n}^{x_{n+1}} f(t, y)\mathrm{d}t$ 的右端项得：

$$\int_{x_n}^{x_{n+1}} f(x, y)\mathrm{d}x \approx \frac{h}{2}[f(x_n, y_n) + f(x_{n+1}, y_{n+1})]$$

其中 $h = x_{n+1} - x_n$。由于 $\overline{y}_{n+1}$ 未知，所以右端第二项可以用 $f(x_{n+1}, \overline{y}_{n+1})$，其中 $\overline{y}_{n+1}$ 是用 Euler 法所得的估计值。由此推导而来的方法称为二阶 Runge-Kutta 方法，形式如下：

$$
\begin{cases}
\overline{y}_{n+1} = y_n + hf(x_n, y_n) \\
y_{n+1} = y_n + \dfrac{h}{2}[f(x_n, y_n) + f(x_{n+1}, \overline{y}_{n+1})]
\end{cases}
$$

下面我们来分析二阶 Runge-Kutta 方法的精度，首先考虑方程

$$y' = f(x, y) = \alpha y$$

假设 y_n 是已知的，y_{n+1} 的精确值为：

$$(y_{n+1})_{exact} = e^{\alpha h} y_n$$

Taylor 展开得：

$$(y_{n+1})_{exact} = \left[1 + \alpha h + \frac{1}{2}(\alpha h)^2 + \frac{1}{6}(\alpha h)^3 \cdots\right] y_n$$

另一方面，将式

$$
\begin{aligned}
&k_1 = hf(x_n, y_n) \\
&k_2 = hf(x_{n+1}, y_n + k_1) \\
&y_{n+1} = y_n + \frac{1}{2}(k_1 + k_2)
\end{aligned}
$$

代入 $y' = f(x, y) = \alpha y$ 得：

$$y_{n+1} = \left[1 + \alpha h + \frac{1}{2}(\alpha h)^2\right] y_n$$

比较上式与 $(y_{n+1})_{exact} = \left[1 + \alpha h + \frac{1}{2}(\alpha h)^2 + \frac{1}{6}(\alpha h)^3 \cdots\right] y_n$，表明上式的精度为 2，一步迭代的误差与 h^3 成比例。注意到二阶 Runge-Kutta 方法等价于改进 Euler 法的两步迭代，同时它的误差阶与改进 Euler 法相同。这表明改进 Euler 法第二步之后的迭代并不能提高精度。

7.2.4 高阶 Runge-Kutta 方法

对于式 $y_{n+1}=y_n+\int_{x_n}^{x_{n+1}}f(x,y)\mathrm{d}x$ 的第二项采取更高阶的数值积分格式，就得到了三阶 Runge-Kutta 方法，采用 Simpson 求积公式，式 $y_{n+1}=y_n+\int_{x_n}^{x_{n+1}}f(x,y)\mathrm{d}x$ 变为：

$$y_{n+1}=y_n+\frac{1}{6}[f(x_n,y_n)+4f(\overline{y}_{n+1/2},x_{n+1/2}+f(x_{n+1},\overline{y}_{n+1}))]$$

由于 $\overline{y}_{n+1/2}$ 和 $\overline{y}_{n+1}$ 都是未知的，所以 $\overline{y}_{n+1/2}$ 和 $\overline{y}_{n+1}$ 是估计值。

用向前 Euler 法估计 $\overline{y}_{n+1/2}$ 得

$$\overline{y}_{n+1/2}=y_n+\frac{h}{2}f(x_n,y_n)$$

同理估计 $\overline{y}_{n+1}$，有

$$\overline{y}_{n+1}=y_n+hf(x_n,y_n)$$

或

$$\overline{y}_{n+1}=y_n+hf(x_{n+1/2},y_{n+1/2})$$

利用上式，整个格式变为：

$$k_1=hf(x_n,y_n)$$
$$k_2=hf(x_{n+1/2},y_n+\frac{1}{2}k_1)$$
$$k_3=hf(x_{n+1},y_n+\theta k_1+(1-\theta)k_2)$$
$$y_{n+1}=y_n+\frac{1}{6}(k_1+4k_2+k_3)$$

其中 θ 是待定参数，使数值方法达到最高精度。

为了分析精度并优化 θ，可将测试方程式 $y'=f(x,y)=\alpha y$ 代入上述格式得：

$$k_1=h\alpha y$$
$$k_2=h\alpha(1+\frac{1}{2}h\alpha)y_n$$
$$k_3=h\alpha\left[1+\theta h\alpha+(1-\theta)h\alpha(1+\frac{1}{2}h\alpha)\right]y_n$$
$$y_{n+1}=\left[1+h\alpha+\frac{1}{2}(h\alpha)^2+\frac{1-\theta}{12}(h\alpha)^3\right]y_n$$

将 $(y_{n+1})_{exact}$ 与式 $(y_{n+1})_{exact}=\left[1+\alpha h+\frac{1}{2}(\alpha h)^2+\frac{1}{6}(\alpha h)^3\cdots\right]y_n$ 进行比较，得到最优值 $\theta=-1$。

因此，三阶 Runge-Kutta 方法的格式为：

$$k_1=hf(x_n,y_n)$$
$$k_2=hf(x_{n+1/2},y_n+k_1/2)$$
$$k_3=hf(x_{n+1},y_n-k_1+2k_2)$$
$$y_{n+1}=y_n+\frac{1}{6}(k_1+4k_2+k_3)$$

除了计算时需要用到更高一阶的导数，四阶 Runge-Kutta 方法的推导与三阶方法基本相同。这种方法有多重数值格式，其精度为四阶，即局部误差与 h^5 等阶。常用的四阶方法有两种格式。一种格式如下：

$$\begin{cases} k_1 = hf(x_n, y_n) \\ k_2 = hf(x_{n+1/2}, y_n + k_1/2) \\ k_3 = hf(x_{n+1}, y_n - k_1 + 2k_2) \\ y_{n+1} = y_n + \dfrac{1}{6}(k_1 + 4k_2 + k_3) \end{cases}$$

另一种格式为：

$$\begin{cases} k_1 = hf(x_n, y_n) \\ k_2 = hf(x_{n+1/3}, y_n + k_1/3) \\ k_3 = hf(x_{n+1/3}, y_n + k_1/3 + k_2/3) \\ k_4 = hf(x_{n+1}, y_n + k_1 - k_2 + k_3) \\ y_{n+1} = y_n + \dfrac{1}{8}(k_1 + 3k_2 + 2k_3 + k_4) \end{cases}$$

7.3　习题 7

1. 改进 Euler 公式为____________________，公式的类型是__________。
2. Euler 公式为____________________，公式的类型是__________。
3. 梯形公式为____________________，公式的类型是__________。
4. 微分方程数值求解方法中 Euler 公式是二阶公式吗？__________。
5. 用四阶 Runge-Kutta 方法求解初值问题的局部截断误差为__________。
6. 求初值问题 $y' = 4y - 6$， $y(0) = 2$ 的 Euler 公式为__________。
7. 取步长 $h = 0.1$，用 Euler 方法求解初值问题

$$\begin{cases} y' = x^2 + y^2 \\ y(1) = 0 \end{cases} \quad (1 \leqslant x \leqslant 2)$$

试计算 $y(1.2)$ 的近似值。

8. 取步长 $h = 0.2$，用梯形方法求解初值问题 $\begin{cases} y' = 4y + 6 \\ y(1) = 2 \end{cases} (1 \leqslant x \leqslant 2)$，小数点后至少保留 5 位。

9. 取步长 $h = 0.1$，用改进 Euler 方法求解初值问题 $\begin{cases} y' = 5x^2 - 3x + y \\ y(0) = 0 \end{cases} (0 \leqslant x \leqslant 0.4)$。

10. 取步长 $h = 0.2$，用改进 Euler 方法求解初值问题 $\begin{cases} y' = x^3 + y + 5y^2 \\ y(0) = 1.2 \end{cases} (0 \leqslant x \leqslant 0.8)$。

11. 取步长 $h=0.1$，用二阶、四阶 Runge-Kutta 方法求解初值问题

$$\begin{cases} y' = x + y\ (0 \leqslant x \leqslant 1) \\ y(0) = 2 \end{cases}。$$

12. 取步长 $h=0.1$，用三阶 Runge-Kutta 方法求解初值问题

$$\begin{cases} y' = \dfrac{x+y}{x^2 y}\ (1 \leqslant x \leqslant 2) \\ y(1) = 2 \end{cases}。$$

7.4 Matlab 程序设计（七）

7.4.1 基础实验

例 7.4.1 取步长 $h=0.1$，用 Euler 方法、改进 Euler 方法和四阶 Runge-Kutta 方法求解初值问题

$$\begin{cases} y' = y - \dfrac{2x}{y}\ \ (0 \leqslant x \leqslant 1) \\ y(0) = 1 \end{cases}$$

并将结果与解析解 $y=\sqrt{1+2x}$ 相比较。

程序：

```
f=inline('y-2*x/y','x','y');
y=inline('sqrt(1+2*x)');
a=0;b=1;h=0.1;y0=1;
fprintf('\n          精确解          Euler方法          ');
fprintf('改进Euler方法          4阶Runge-Kutta方法');
fprintf('\n x          y          ye[k]     |ye[k]-y|    ym[k]');
fprintf(' |ym[k]-y|               yr[k]       |yr[k]-y|\n');
fprintf('%3.1f %8.6f %8.6f %8.6f      ', a, y0, y0, 0);
fprintf('%8.6f %8.6f    %8.6f %8.6f\n', y0, 0, y0 ,0.0);
 x=a;
ye=y0;
ym=y0;
yr=y0;
 while(x<b)
        ye=ye+h*f(x,ye);
        yp=ym+h*f(x,ym);
    ym=ym+h/2*(f(x,ym)+f(x+h,yp));
        k1=f(x,yr);
```

```
        k2=f(x+h/2,yr+h/2*k1);
        k3=f(x+h/2,yr+h/2*k2);
        k4=f(x+h,yr+h/2*k2);
        yr=yr+h/6*(k1+2*k2+2*k3+k4);
        x=x+h;
        yx=y(x);
    fprintf('%3.1f %8.6f %8.6f %8.6f    ',x,yx,ye,abs(ye-yx));
    fprintf('%8.6f %8.6f %8.6f %8.6f\n',ym,abs(ym-yx),yr,abs(yr-yx));
end
```

运行结果如表 7-1 所示：

表 7-1　例 7.4.1 运行结果

精确解		Euler 方法		改进 Euler 方法		四阶 Runge-Kutta 方法	
x	y	ye[k]	|ye[k]-y|	ym[k]	|ym[k]-y|	yr[k]	|[yrk]-y|
0.0	1.000 000	1.000 000	0.000 000	1.000 000	0.000 000	1.000 000	0.000 000
0.1	1.095 445	1.100 000	0.004 555	1.095 909	1.095 909	1.094 516	0.000 929
0.2	1.183 216	1.191 818	0.008 602	1.184 097	0.000 881	1.181 222	0.001 994
0.3	1.264 911	1.277 438	0.012 527	1.266 201	0.001 290	1.261 695	0.003 216
0.4	1.341 641	1.358 213	0.016 572	1.343 360	0.001 719	1.337 013	0.004 628
0.5	1.414 214	1.435 133	0.020 919	1.416 402	0.002 188	1.407 945	0.006 269
0.6	1.483 240	1.508 966	0.025 727	1.485 956	0.002 716	1.475 055	0.008 185
0.7	1.549 193	1.580 338	0.031 145	1.552 514	0.003 321	1.538 758	0.010 435
0.8	1.612 452	1.649 783	0.037 332	1.616 475	0.004 023	1.599 365	0.013 086
0.9	1.673 320	1.717 779	0.044 459	1.678 166	0.004 846	1.657 099	0.016 221
1.0	1.732 051	1.784 771	0.052 720	1.737 867	0.005 817	1.712 112	0.019 939
1.1	1.788 854	1.851 189	0.062 334	1.795 820	0.006 965	1.764 497	0.024 358

例 7.4.2　用三阶 Runge-Kutta 法求下面常微分方程的数值解。

$$\begin{cases}\dfrac{dy}{dx}=2x-3y+2,\ 0\leqslant x\leqslant 1\\ y(0)=1\end{cases}$$

解　三阶 Runge-Kutta 法的计算公式为

$$\begin{cases}k_1=g(x_i,y_i)\\ k_2=g(x_i+\dfrac{h}{2},y_i+\dfrac{h}{2}k_1)\\ k_3=g(x_i+h,y_i-hk_1+2hk_2)\\ y_{i+1}=y_i+\dfrac{h}{6}(k_1+4k_2+k_3)\end{cases}$$

程序：

```
function y = DELGKT3_kuta(f, h,a,b,y0,varvec)
format long;
N = (b-a)/h;
y = zeros(N+1,1);
y(1) = y0;
x = a:h:b;
var = findsym(f);
for i=2:N+1
    K1 = Funval(f,varvec,[x(i-1) y(i-1)]);
    K2 = Funval(f,varvec,[x(i-1)+h/2 y(i-1)+K1*h/2]);
    K3 = Funval(f,varvec,[x(i-1)+h y(i-1)-h*K1+K2*2*h]);
    y(i) = y(i-1)+h*(K1+4*K2+K3)/6;
end
format short;
```

函数运行时需要调用下列函数：

```
function fv=Funval(f,varvec,varval)
var=findsym(f);
if length(var)<4
if var(1)==varvec(1)
        fv=subs(f,varvec(1),varval(1));
else
        fv=subs(f,varvec(2),varval(2));
    end
else
       fv=subs(f,varvec,varval);
end
```

执行文件：

```
syms x y;
z=2*x-3*y+2;
yy=DELGKT3_kuta(z,0.1,0,1,1,[x y])
```

运行结果：

```
yy =
    1.0000
    0.9225
    0.8824
    0.8700
    0.8782
    0.9015
```

0.9360

0.9789

1.0280

1.0816

1.1387

例 7.4.3　取 $h=0.1$，使用三阶 Runge-Kutta 方法计算初值问题

$$\begin{cases} y'=y^2,\ \ 0\leqslant x\leqslant 0.5 \\ y(0)=1 \end{cases}$$

解　使用三阶 Runge-Kutta 方法

$i=0$ 时，

$$\begin{cases} k_1=hy_0{}^2=0.1 \\ k_2=h(y_0+\dfrac{1}{2}k_1)^2=0.110\ 3 \\ k_3=h(y_0-k_1+2k_2)^2=0.125\ 6 \\ y_1=y_0+\dfrac{1}{6}(k_1+4k_2+k_3)=1.11 \end{cases}$$

其余结果如表 7-2 所示：

表 7-2　例 7.4.3 运算结果

i	x_i	k_1	k_2	k_3	y_i
1.000 0	0.100 0	0.100 0	0.110 3	0.125 6	1.111 1
2.000 0	0.200 0	0.123 5	0.137 6	0.159 5	1.244 9
3.000 0	0.300 0	0.156 2	0.176 4	0.209 2	1.428 4
4.000 0	0.400 0	0.204 0	0.234 2	0.286 6	1.666 4
5.000 0	0.500 0	0.277 7	0.325 9	0.416 3	1.999 3

例 7.4.4　取 $h=0.1$，用四阶经典 Runge-Kutta 公式程序求解下列初值问题，

$$\begin{cases} y'=x+y-1,\ 0\leqslant x\leqslant 0.5 \\ y(0)=1 \end{cases}$$

并与精确解 $y(x)=e^x-x$ 进行比较。

解　四阶 Runge-Kutta 公式为：

$$\begin{cases} y_{n+1}=y_n+\dfrac{h}{6}(k_1+2k_2+2k_3+k_4) \\ k_1=f(x_n,y_n) \\ k_2=f(x_{n+1/2},y_n+\dfrac{h}{2}k_1) \\ k_3=f(x_{n+1/2},y_n+\dfrac{h}{2}k_2) \\ k_4=f(x_{n+1},y_n+hk_3) \end{cases}$$

程序：

```
function [x,y] = m4rkutta(df,xspan,y0,h)
x=xspan(1):h:xspan(2);y(1)=y0;
for n=1:(length(x)-1)
        k1 = feval(df,x(n),y(n));
        k2 = feval(df,x(n)+h/2,y(n)+h/2*k1);
        k3 = feval(df,x(n)+h/2,y(n)+h/2*k2);
    k4 = feval(df,x(n+1),y(n)+h*k3);
    y(n+1) = y(n)+h*(k1+2*k2+2*k3+k4)/6;
end
```

执行文件：

```
>> df=@(x,y)x+y-1;
>> [x,y]=m4rkutta(df,[0 0.5],1,0.1)
x = 0      0.1000      0.2000      0.3000      0.4000      0.5000
y = 1.0000      1.0052      1.0214      1.0499      1.0918      1.1487
>> y1=exp(x)-x
y1 = 1.0000      1.0052      1.0214      1.0499      1.0918      1.1487
>> y-y1
```

运行结果：

```
ans = 1.0e-006 *
              0      -0.0847      -0.1873      -0.3105      -0.4576      -0.6321
```

例 7.4.5 用标准 Runge-Kutta 法求初值问题

$$\begin{cases}\dfrac{dy}{dx}=-y+1,\ \ 0\leqslant x\leqslant 0.5\\ y(0)=0\end{cases}。$$

解 因为 $a=0$，$b=0.5$，$h=0.1$ 与 $f(x,y)=-y+1$，所以标准 Runge-Kutta 公式为

$$\begin{cases}y_{n+1}=y_n+\dfrac{h}{6}(k_1+2k_2+2k_3+k_4)\\ k_1=f(x_n,y_n)\\ k_2=f(x_{n+1/2},y_n+\dfrac{h}{2}k_1)\\ k_3=f(x_{n+1/2},y_n+\dfrac{h}{2}k_2)\\ k_4=f(x_{n+1},y_n+hk_3)\end{cases}$$

对于 $n=0$ 有

$$k_1=f(0,0)=1$$
$$k_2=f(0+0.05,0+0.05\times1)=0.95$$
$$k_3=f(0+0.05,0+0.05\times0.95)=0.952\ 5$$
$$k_4=f(0+0.1,0+0.1\times0.952\ 5)=0.904\ 75$$

于是得

$$y_1 = 0 + \frac{0.1}{6}(1 + 2(0.95 + 0.952\ 5) + 0.904\ 75) = 0.095\ 162\ 5$$

这个值与精确解 $y(x) = -e^{-x} + 1$ 在 $x = 0.1$ 处的值 $y(0.1) = 0.095\ 162\ 58$，已经十分接近。

再对 $n = 1,2,3,4$ 应用标准 Runge-Kutta 公式计算，具体计算结果如表 7-3 所示：

表 7-3　例 7.4.5 计算结果

n	x_n	y_n	$y(x_n)$
0	0	0	0
1	0.1	0.095 162 5	0.095 162 6
2	0.2	0.181 269 1	0.191 269 2
3	0.3	0.259 191 5	0.259 181 7
4	0.4	0.329 679	0.329 679 9

例 7.4.6　应用四阶 Runge-Kutta 法求解下列初值问题

$$\begin{cases} y' = 8 - 3y \\ y(0) = 2 \end{cases},$$

取步长 $h = 0.2$ 计算 $y(0.4)$ 的近似值，至少保留四位小数。

解　由题意知 $f(x,y) = 8 - 3y$，四阶 Runge-Kutta 公式为

$$y_{k+1} = y_k + \frac{h}{6}(k_1 + 2k_2 + 2k_3 + k_4)$$

其中

$$\begin{cases} k_1 = f(x_k, y_k) \\ k_2 = f(x_k + 0.5h, y_k + 0.5hk_1) \\ k_3 = f(x_k + 0.5h, y_k + 0.5hk_2) \\ k_4 = f(x_k + h, y_k + hk_3) \end{cases}$$

由上式得计算公式

$$y_{k+1} = y_k + \frac{0.2}{6}(k_1 + 2k_2 + 2k_3 + k_4)$$

其中

$$\begin{cases} k_1 = 8 - 3y_k \\ k_2 = 5.6 - 2.1y_k \\ k_3 = 6.32 - 2.37y_k \\ k_4 = 4.208 - 1.578y_k \end{cases}$$

所以

$$
\begin{aligned}
y_{k+1} &= y_k + \frac{0.2}{6}(8-3y_k+2(5.6-2.1y_k)+2(6.32-2.37y_k)+(4.208-1.578y_k)) \\
&= 1.201\ 6 + 0.549\ 4y_k \quad (k=0,1,2,\cdots)
\end{aligned}
$$

当 $x_0=0,\ y_0=2$，有

$$
\begin{aligned}
y(0.2) &\approx y_1 = 1.201\ 6+0.549\ 4y_0 = 1.201\ 6+0.549\ 4\times 2 = 2.300\ 4 \\
y(0.4) &\approx y_2 = 1.201\ 6+0.549\ 4\times 2.300\ 4 = 2.465\ 4
\end{aligned}
$$

例 7.4.7 应用三阶 Runge-Kutta 方法计算初值问题

$$
\begin{cases} y' = y^2,\ 0 \leqslant x \leqslant 0.5 \\ y(0)=1 \end{cases},
$$

取 $h=0.1$。

解 使用四阶 Runge-Kutta 方法，$i=0$ 时，

$$
\begin{cases}
k_1 = hy_0^2 = 0.1 \\
k_2 = h\left(y_0+\dfrac{1}{2}k_1\right)^2 = 0.110\ 3 \\
k_3 = h\left(y_0+\dfrac{1}{2}k_2\right)^2 = 0.111\ 3 \\
k_4 = h(y_0+k_3)^2 = 0.123\ 5 \\
y_1 = y_0 + \dfrac{0.1}{6}(k_1+2k_2+2k_3+k_4) = 1.111\ 1
\end{cases}
$$

其余结果如表 7-4 所示：

例 7-4 例 7.4.7 计算结果

i	x_i	k_1	k_2	k_3	k_4	y_i
1.000 0	0.100 0	0.100 0	0.110 3	0.111 3	0.123 5	1.111 1
2.000 0	0.200 0	0.123 5	0.137 6	0.139 2	0.156 3	1.250 0
3.000 0	0.300 0	0.156 2	0.176 4	0.179 1	0.204 2	1.428 6
4.000 0	0.400 0	0.204 0	0.234 2	0.238 9	0.278 1	1.666 7
5.000 0	0.500 0	0.277 7	0.325 9	0.334 8	0.400 6	2.000 0

例 7.4.8 应用三阶 Runge-Kutta 法求解初值问题。

$$
\begin{cases} \dfrac{\mathrm{d}y}{\mathrm{d}x} = 2x-3y+2,\ 0 \leqslant x \leqslant 1 \\ y(0)=1 \end{cases}
$$

程序：

```
function y = DELGKT4_lungkuta(f, h,a,b,y0,varvec)
format long;
N = (b-a)/h;
y = zeros(N+1,1);
y(1) = y0;
x = a:h:b;
var = findsym(f);
for i=2:N+1
    K1 = Funval(f,varvec,[x(i-1) y(i-1)]);
    K2 = Funval(f,varvec,[x(i-1)+h/2 y(i-1)+K1*h/2]);
    K3 = Funval(f,varvec,[x(i-1)+h/2 y(i-1)+K2*h/2]);
    K4 = Funval(f,varvec,[x(i-1)+h y(i-1)-h*K3]);
    y(i) = y(i-1)+h*(K1+2*K2+2*K3+K4)/6;
end
format short;
```

函数运行时需要调用下列函数：

```
function fv=Funval(f,varvec,varval)
var=findsym(f);
if length(var)<4
if var(1)==varvec(1)
        fv=subs(f,varvec(1),varval(1));
else
        fv=subs(f,varvec(2),varval(2));
    end
else
      fv=subs(f,varvec,varval);
end
```

执行文件：

```
syms x y;
z=1+log(x+1);
yy=DELGKT4_lungkuta(z,0.1,0,1,1,[x y])
```

运行结果：

```
yy =
     1.0000
     1.1048
     1.2188
     1.3411
     1.4711
     1.6082
```

1.7520
1.9021
2.0580
2.2195
2.3863

7.4.2 动手提高

实验一 应用 Euler 法、改进 Euler 法、二阶 Runge-Kutta 法、三阶 Runge-Kutta 法和四阶 Runge-Kutta 法求解如下常微分方程

$$\begin{cases}\dfrac{\mathrm{d}y}{\mathrm{d}x}=\sin x+\cos y+e^{xy},\ 0\leqslant x\leqslant 1\\ y(0)=4\end{cases}。$$

实验二 用三阶、四阶 Runge-Kutta 法求解如下初值问题

$$\begin{cases}y'=y^3+\cos y+x^5\\ y(0)=1\end{cases},$$

结果保留四位小数。

7.5 大数学家——欧拉（Euler）

欧拉是瑞士数学家和物理学家，近代数学先驱之一。1707 年欧拉生于瑞士的巴塞尔，13 岁时入读巴塞尔大学，15 岁大学毕业，16 岁获硕士学位。欧拉是数学史上最多产的数学家之一，平均每年写出八百多页的论文，还写了大量的力学、分析学、几何学等课本，《无穷小分析引论》《微分学原理》《积分学原理》等都成为数学中的经典著作。欧拉对数学的研究如此广泛，因此在许多数学的分支中也可经常见到以他的名字命名的重要常数、公式和定理。1783 年 9 月 18 日于俄国圣彼得堡去逝。

欧拉十三岁时就考入了巴塞尔大学。起初他学习神学，不久改学数学。他十七岁在巴塞尔大学获得硕士学位，二十岁受凯瑟林一世的邀请加入圣彼得斯堡科学院。他二十三岁成为该院物理学教授，二十六岁就接任著名数学家伯努利的职务，成为数学所所长。两年后，他有一只眼睛失明，但仍以极大的热情继续工作，写出了许多杰出的论文。1741 年，普鲁士弗雷德里克大帝把欧拉从俄国引诱出来，让他加入了柏林科学院。他在柏林呆了二十五年后于 1766 年返回俄国。不久他的另一只眼睛也失去了光明。即使这样的灾祸降临，他也没有停止研究工作。欧拉具有惊人的心算才能，他不断地发表一流的数学论文，直到生命的最后一息。1783 年他在圣彼得斯堡去逝，终年七十六岁。欧拉结过两次婚，有十三个孩子，但是其中有八个在襁褓中夭折。在科学史上，即使欧拉没有出现，他的一切发现最终也会呈现于世人面前。但是权衡欧拉的地位和不可磨灭的贡献，我们惊喜地发现，如果没有欧拉，没有欧拉的公式、方程和方法，现代科技就会滞后不前，不可想象。浏览一下数学和物理教科书的索引

就会找到下列名字：欧拉角（刚体运动）、欧拉常数（无穷级数）、欧拉方程（流体动力学）、欧拉公式（复合变量）、欧拉数（无穷级数）、欧拉多角曲线（微分方程）、欧拉齐性函数定理摘微分方程）、欧拉变换（无穷级数）、伯努利-欧拉定律（弹性力学）、欧拉-傅里叶公式（三角函数）、欧拉-拉格朗日方程（变分学，力学）以及欧拉-马克劳林公式（数字法），不胜枚举。

欧拉的著述浩瀚，不仅包含科学创见，而且富有科学思想，他给后人留下了极其丰富的科学遗产和为科学献身的精神。历史学家把欧拉同阿基米德、牛顿、高斯并列为数学史上的"四杰"。如今，在数学的许多分支中，经常可以看到以他的名字命名的重要常数、公式和定理。

18 世纪瑞士数学家和物理学家欧拉始终是世界最杰出的科学家之一。他的全部创造在整个物理学和许多工程领域里都有着广泛的应用。欧拉的数学和科学成果简直多得令人难以相信。他写了 32 部著作，其中有几部不止一卷，还写下了许许多多富有创造性的数学和科学论文。总计起来，他的科学论著有 70 多卷。欧拉的天才使纯数学和应用数学的每一个领域都得到了充实，他的数学物理成果有着无限广阔的应用前景。

第 8 章　最佳逼近

我们之前学习了利用插值多项式逼近函数，那我们来看当 $f(x)$ 在 $[a,b]$ 上连续，是否能找到一个多项式 $p(x)$ 在 $[a,b]$ 上均匀的逼近 $f(x)$？答案是肯定的。如果 $C[a,b]=\{f(x):f(x)$ 在 $[a,b]$ 上连续$\}$，$P_n=\{p(x):p_n(x)=\sum_{i=0}^{n}a_ix^i,a_i\in R\}$，对于给定的 $f(x)\in C[a,b]$，一定可以找到一个 $p_n(x)\in C[a,b]$，使其在 $[a,b]$ 上充分逼近 $f(x)$。

8.1　最佳一致逼近

8.1.1　最佳一致逼近的基本概念

定义 8.1.1　设 n 次多项式的集合 $P_n=span\{1,x,x^2,\cdots,x^n\}$，对于给定的 $f(x)\in C[a,b]$，如果

$$\min_{p\in P_n}\|f-p\|_\infty=\min_{p\in P_n}\max_{a\leqslant x\leqslant b}|f(x)-p(x)|=\max_{a\leqslant x\leqslant b}|f(x)-p^*(x)| \tag{8-1-1}$$

则称 $p^*(x)$ 为 $f(x)$ 在 $[a,b]$ 上的最佳一致逼近多项式，称这样的逼近方式为最佳一致逼近。

8.1.2　最佳一致逼近的求法

1. 正交多项式

定义 8.1.2　设 $f,g\in C[a,b],\ (f,g)=\int_a^b\omega(x)f(x)g(x)\mathrm{d}x$ 称为 f,g 的内积。

内积有如下性质：

（1）对于任意 $f,g\in C[a,b],\ (f,g)=(g,f)$；

（2）对于任意常数 c，$(cf,g)=c(f,g)$；

（3）$f_1,f_2,g\in C[a,b]$，$(f_1+f_2,g)=(f_1,g)+(f_2,g)$；

（4）$(f,f)\geqslant 0$，且 $(f,f)=0\Leftrightarrow f(x)\equiv 0$。

2. 正交函数组

定义 8.1.3　设 $f,g\in C[a,b]$，若 $(f,g)=\int_a^b\omega(x)f(x)g(x)\mathrm{d}x=0$，则称 f,g 在 $[a,b]$ 上带权 $\omega(x)$ 正交。

设有函数组 $\{\varphi_0(x),\varphi_1(x),\cdots,\varphi_n(x)\}$，其中 $\varphi_i(x)\in C[a,b]\ (i=0,1,\cdots,n)$

$$(\varphi_i,\varphi_j)=\int_a^b\omega(x)f(x)g(x)\mathrm{d}x=\begin{cases}0 & i\neq j\\ A & i=j\end{cases} \tag{8-1-2}$$

则称函数组 $\{\varphi_0(x),\varphi_1(x),\cdots,\varphi_n(x)\}$ 在 $[a,b]$ 上带权 $\omega(x)$ 正交。

特殊的，当上式 $A=1$ 时，则称函数组 $\{\varphi_0(x),\varphi_1(x),\cdots,\varphi_n(x)\}$ 在 $[a,b]$ 上带权 $\omega(x)$ 标准正交。

3. 函数的相关性

定义 8.1.4　设有函数组 $\{\varphi_0(x),\varphi_1(x),\cdots,\varphi_n(x)\}$，其中 $\varphi_i(x)\in C[a,b]\quad(i=0,1,\cdots,n)$

（1）如果存在不全为零的常数 $a_0,a_1,\cdots,a_n$ 使得 $a_0\phi_0+a_1\phi_1+\cdots+a_n\phi_n=0$，则称 $\{\phi_i\}_{i=0}^n$ 在 $[a,b]$ 上线性相关。

（2）如果当 $a_0\phi_0+a_1\phi_1+\cdots+a_n\phi_n=0$ 时，总有 $a_0=a_1=\cdots=a_n=0$，则称 $\{\phi_i\}_{i=0}^n$ 在 $[a,b]$ 上线性无关。

4. 常见的几种正交多项式

1）Chebyshev 多项式

定义 8.1.5　称多项式

$$T_n(x)=\cos(n\arccos x)\quad(-1\leqslant x\leqslant 1) \tag{8-1-3}$$

为 Chebyshev 多项式，则

$$\begin{cases}T_{n+1}=2xT_n-T_{n-1}(x)\quad(n=1,2,\cdots)\\ T_0(x)=1,\ \ T_1(x)=x\end{cases} \tag{8-1-4}$$

$T_n(x)$ 是 x 的 n 次代数多项式，$T_n(x)$ 的最高项系数为 2^{n-1}。

2）Legendre 多项式

定义 8.1.6　称多项式

$$P_n(x)=\frac{1}{2^2\cdot n!}\cdot\frac{d^n}{dx^n}(x^2-1)^n\quad(n=0,1,2,\cdots) \tag{8-1-5}$$

为 Legendre 多项式。

由定义可知 $P_n(x)$ 的首项系数 $a_n=\dfrac{1}{2^2\cdot n!}\cdot\dfrac{(2n)!}{n!}$，并有如下性质：

（1）$P_n(1)=1,\ \ P_n(-1)=(-1)^n$；

（2）记 $\Phi(x)=(x^2-1)^n$, 则 $\left[\dfrac{\mathrm{d}^k}{\mathrm{d}x^k}\Phi(x)\right]_{x=\pm1}=0$，$(k<n)$；

（3）$(P_n,P_m)=\displaystyle\int_{-1}^{1}P_n(x)P_m(x)\mathrm{d}x=\begin{cases}0 & m\neq n\\ \dfrac{2}{2m+1} & m=n\end{cases}$；

（4）$P_n(-x)=(-1)^nP_n(x)=\begin{cases}P_n(x) & n\text{ 为偶数}\\ -P_n(x) & n\text{ 为奇数}\end{cases}$；

（5）$\begin{cases}P_0(x)=1 \qquad P_1(x)=x\\ P_{k+1}(x)=\dfrac{2k+1}{k+1}xP_k(x)-\dfrac{k}{k+1}P_{k-1}(x)\quad n=0,1,2,\cdots\end{cases}$。

5. $C[a,b]$ 上的最佳一致逼近

定义 8.1.7 分别称下面两个集合

$$E^+(f)=\{x \mid x\in[a,b], f(x)=\|f\|_\infty\}$$

$$E^-(f)=\{x \mid x\in[a,b], f(x)=-\|f\|_\infty\}$$

为 $f(x)$ 的正、负偏差集，称 $E(f)=E^+(f)\cup E^-(f)$ 为 $f(x)$ 的偏差集。

定义 8.1.8 如果 $E^-(f)$ 上的点集 $\{x_1,x_2,\cdots,x_n\}$ 满足

$$\left.\begin{array}{l} a=x_1<x_2<\cdots<x_k=b \\ f(x_j)=-f(x_{j+1}) \quad (j=1,2,\cdots,k-1) \end{array}\right\} \tag{8-1-6}$$

则称它为 f 在 $[a,b]$ 上的一个交错点组。如果不存在 $k+1$ 个点组成交错点组，称由 k 个点形成的交错点组是极大的。

定理 8.1.1 对任意 $f(x)\in C[a,b]$, $p(x)\notin P_n$ 是 $f(x)$ 的最佳一致逼近多项式 $\Leftrightarrow$ $f-p$ 在 $[a,b]$ 上至少有 $n+2$ 个点组成的交错点组。

推论 8.1.1 如果 $f(x)\in C[a,b]$, 那么在 P_n 中存在唯一的多项式 $p(x)$ 为 $f(x)$ 的最佳一致逼近多项式。

推论 8.1.2 如果 $f(x)\in C^{n+1}[a,b]$ 且 $f^{n+1}(x)$ 在 $[a,b]$ 上保号, 那么 Chebyshev 交错点组唯一且区间 $[a,b]$ 的端点属于 Chebyshev 交错点组。

定理 8.1.2 在 $[-1,1]$ 上的所有首项系数为 1 的 n 次多项式 $P_n(x)$ 中，$2^{1-n}T_n(x)$ 对零的偏差最小。

例 8.1.1 求 $\sqrt{x}$ 在 $\left[\frac{1}{4},1\right]$ 上的一次最佳一致逼近多项式。

解 设 $p_1(x)=a_0+a_1x$, $a_1=\dfrac{1-\sqrt{1/4}}{1-1/4}=f'(x_1)$，则 $a_1=2/3=\dfrac{1}{2\sqrt{x_1}}$，因此 $x_1=9/16$。另外可求 $a_0=\dfrac{\sqrt{1/4}+\sqrt{9/16}}{2}=\dfrac{17}{48}$，所以最佳一致逼近多项式为 $p_1(x)=\dfrac{17}{48}+\dfrac{2}{3}x$。

8.2 最佳平方逼近

8.2.1 最佳平方的基本概念

定义 8.2.1 以均方差 $\left[\int_a^b \omega(x)(f(x)-p(x))^2\mathrm{d}x\right]^{\frac{1}{2}}$ 作为度量 $f(x)-p(x)$ 大小的标准，对于一个任意给定的 $f(x)\in C[a,b]$，如果有 $p^*(x)$ 使

$$\min_{p\in P_n}\left[\int_a^b \omega(x)(f(x)-p(x))^2\mathrm{d}x\right]^{\frac{1}{2}}=\left[\int_a^b \omega(x)(f(x)-p^*(x))^2\mathrm{d}x\right]^{\frac{1}{2}} \tag{8-2-1}$$

其中 $\omega(x)$ 为非负权函数，则称 $p^*(x)$ 为 $f(x)$ 在 P_n 中的最佳平方逼近多项式，这样的逼近称为最佳平方逼近。

8.2.2　最佳平方逼近的求法

1. 内积空间上的最佳平方逼近

定义　设 X 是一个线性空间，如果其上赋予一个二元函数 $(\cdot,\cdot)$ 且满足：

（1）$\forall x,y\in X,\ (x,y)=(y,x)$；

（2）$(\alpha x,y)=\alpha(x,y)$；

（3）$(x+y,z)=(x,z)+(y,z)$；

（4）$(x,x)\geqslant 0$ 且 $(x,x)=0\Leftrightarrow x=0$，

则称 X 为内积空间。

定理 8.2.1　设 X 为内积空间，$f\in X$，则 $\phi^*\in\Phi_n$ 为 f 的最佳平方逼近的充分必要条件是

$$(f-\phi^*,\phi_i)=0\quad(i=1,2,\cdots,n)$$

2. $L_\omega^2[a,b]$ 上的最佳平方逼近

设 $L_\omega^2[a,b]$ 表示 $\omega(x)f(x)$ 可积时 $f(x)$ 构成的线性空间，$\omega(x)\geqslant 0$ 为权函数，如果记

$$\|f\|_2^2=\int_a^b\omega(x)f^2(x)\mathrm{d}x$$

则最佳平方逼近问题变成：寻找 $p_n^*(x)\in\Phi_n$，使

$$\min_{p\in\Phi_n}\int_a^b\omega(x)(f(x)-p(x))^2\mathrm{d}x=\int_a^b\omega(x)(f(x)-p^*(x))^2\mathrm{d}x$$

由于 $p_n(x)\in\Phi_n$，则有

$$p(x)=a_0\phi_0+a_1\phi_1+\cdots+a_n\phi_n$$

$$\int_a^b\omega(x)(f(x)-p(x))^2\mathrm{d}x\equiv I(a_0,a_1,\cdots,a_n)$$

于是问题就转化为确定 $(a_0^*,a_1^*,\cdots,a_n^*)$ 使 $I(a_0^*,a_1^*,\cdots,a_n^*)$ 达到极小。

由 $\dfrac{\partial I}{\partial a_k}=2\int_a^b\omega(x)\left(f(x)-\sum_{j=0}^n a_j\phi_j(x)\right)(-\phi_k(x))\mathrm{d}x$，可知 $(a_0^*,a_1^*,\cdots,a_n^*)$ 应满足方程组

$$\int_a^b\omega(x)\sum_{j=0}^n a_j^*\phi_j(x)\phi_k(x)\mathrm{d}x=\int_a^b\omega(x)f(x)\phi_k(x)\mathrm{d}x\quad(k=0,1,2,\cdots,n)$$

也即是法方程组或正则方程组。于是有

$$\sum_{j=0}^n a_j^*(\phi_j(x),\phi_k(x))=(f,\phi_k)\quad(k=0,1,2,\cdots,n)\tag{8-2-2}$$

而且式（8-2-2）的解 $(a_0^*,a_1^*,\cdots,a_n^*)$ 使 $I(a_0^*,a_1^*,\cdots,a_n^*)$ 达到极小。

事实上，对 $\forall p(x)\in\Phi_n$, 有 $p(x)=\sum_{j=0}^{n}a_j\phi_j(x)$ ，因而

$$\begin{aligned}\|f-p\|_2^2&=(f-p,f-p)=(f-p^*+p^*-p,f-p^*+p^*-p)\\&=(f-p^*,f-p^*)+(p^*-p,p^*-p)+2(f-p^*,p-p^*)\\&=\|f-p^*\|_2^2+\|p^*-p\|_2^2\geqslant\|f-p^*\|_2^2\end{aligned}$$

设 $f(x)\in C[a,b]$ ，选取 Φ_n 中的正交基 $\{\varphi_0,\varphi_1,\cdots,\varphi_n\}$ ，权函数 $\omega(x)\geqslant 0$ ，则式（8-2-2）变成

$$\begin{pmatrix}(\varphi_0,\varphi_0)&&&\\&(\varphi_1,\varphi_1)&&\\&&\ddots&\\&&&(\varphi_n,\varphi_n)\end{pmatrix}\begin{pmatrix}a_0\\a_1\\\vdots\\a_n\end{pmatrix}=\begin{pmatrix}(f,\varphi_0)\\(f,\varphi_1)\\\vdots\\(f,\varphi_n)\end{pmatrix}$$

其中 $a_j^*=\dfrac{(f,\varphi_j)}{(\varphi_j,\varphi_j)}\ (j=1,2,\cdots,n)$ ，从而最佳平方逼近多项式为

$$p_n^*=\sum_{j=0}^{n}\frac{(f,\varphi_j)}{(\varphi_j,\varphi_j)}\varphi_j \tag{8-2-3}$$

例 8.2.1　求 $\sqrt{x}$ 在 $[0,1]$ 上的最佳一次平方逼近多项式。

解　因为 Legendre 多项式在 $[-1,1]$ 上带权正交，令 $x=\dfrac{1+t}{2}$，于是

$$f(x)=\sqrt{\frac{1+t}{2}}=\varphi(t),\ -1\leqslant t\leqslant 1$$

首先，求 $\varphi(t)$ 在 $[-1,1]$ 上的一次最佳平方逼近多项式 $q_1(t)$：

$$a_0^*=\frac{1}{2}\int_{-1}^{1}\sqrt{\frac{t+1}{2}}\mathrm{d}t=\frac{2}{3}$$

$$a_1^*=\frac{3}{2}\int_{-1}^{1}t\sqrt{\frac{t+1}{2}}\mathrm{d}t=\frac{2}{5}$$

于是 $q_1(t)=\dfrac{2}{3}P_0(t)+\dfrac{2}{5}P_1(t)=\dfrac{2}{3}+\dfrac{2}{5}t$ 。然后将 $t=2x-1$ 代入 $q_1(t)$，得到 $\sqrt{x}$ 在 $[0,1]$ 上的最佳一次平方逼近多项式

$$S_1^*(x)=\frac{2}{3}+\frac{2}{5}(2x-1)=\frac{4}{15}+\frac{4}{5}x$$

例 8.2.2　求 $\ln(x+1)$ 在 $[0,1]$ 上的最佳一次平方逼近多项式。

解　由 Legendre 多项式在 $[-1,1]$ 上带权正交，令 $x=\dfrac{1+t}{2}$，于是

$$f(x)=\ln\frac{3+t}{2}=\varphi(t),\ -1\leqslant t\leqslant 1$$

先求 $\varphi(t)$ 在 $[-1,1]$ 上的一次最佳平方逼近多项式 $q_1(t)$：

$$a_0^* = \int_{-1}^{1} \ln\frac{3+t}{2}\mathrm{d}t = 4\ln 2 - 2$$

$$a_1^* = \int_{-1}^{1} t\ln\frac{3+t}{2}\mathrm{d}t = 3 - 4\ln 2$$

于是

$$q_1(t) = (4\ln 2 - 2)P_0(t) + (3 - 4\ln 2)P_1(t) = 4\ln 2 - 2 + (3 - 4\ln 2)t$$

然后将 $t = 2x - 1$ 代入 $q_1(t)$，得到 $\ln(x+1)$ 在 $[0,1]$ 上的最佳一次平方逼近多项式

$$S_1^*(x) = 4\ln 2 - 2 + (3 - 4\ln 2)(2x - 1) = 8\ln 2 - 5 + (6 - 8\ln 2)x$$

8.3　习题 8

1. 求 $7\sqrt{2x}$ 在 $\left[\frac{1}{2},1\right]$ 上的一次最佳一致逼近多项式。

2. 求 $\sqrt[3]{5x}$ 在 $\left[0,\frac{1}{4}\right]$ 上的一次最佳一致逼近多项式。

3. 求 $y = 9\arctan(3x)$ 在 $[0,1]$ 上的一次最佳一致逼近多项式。

4. 设 $f(x) = 4x^3 + 2x^2 - x + 6$，在 $[-1,1]$ 上找一个不超过 2 次的多项式 $p_2(x)$，使它是 $f(x)$ 的最佳一致逼近多项式。

5. 求 $3\sqrt{x}$ 在 $\left[\frac{1}{4},1\right]$ 上的最佳平方逼近多项式。

6. 求 $\sqrt{6x}$ 在 $\left[0,\frac{1}{2}\right]$ 上的最佳平方逼近多项式。

8.4　Matlab 程序设计（八）

8.4.1　基础实验

例 8.1.1　用二次多项式拟合如表 8-1 所示数据。

表 8-1

x	0.1	0.2	0.15	0.0	-0.2	0.3
y	0.95	0.84	0.86	1.06	1.50	0.72

程序：

```
>> x=[0.1 0.2 0.15 0 -0.2 0.3];
```

```
>> y=[0.95 0.84 0.86 1.06 1.50 0.72];
>> p=polyfit(x,y,2)
>> xi=-0.2:0.01:0.3;
>> yi=polyval(p,xi);
>> plot(x,y,'rp',xi,yi,'k');
>> title('曲线拟合');
```

运行结果如图 8.1 所示。

p =1.7432 　 – 1.6959 　 1.0850

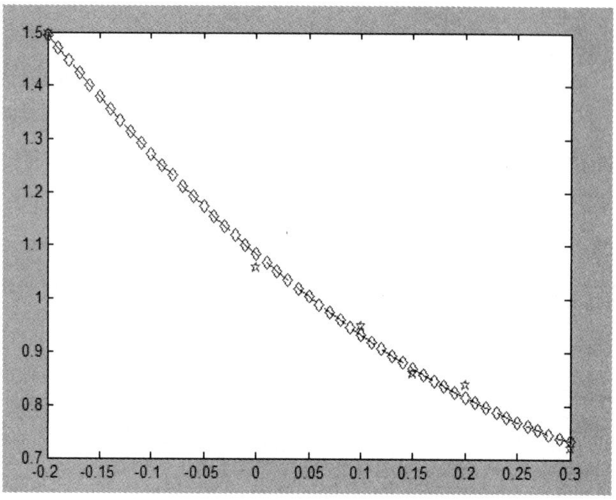

图 8.1

例 8.1.2 用一个三次多项式在区间 $[0, 2\pi]$ 内逼近函数 $\sin x$。

解 在给定区间上，均匀地选择 50 个采样点，并计算采样点的函数值，然后利用 3 次多项式逼近。

程序：

```
>> X=linspace(0,2*pi,50);
>> Y=sin(X);
>> p=polyfit(X,Y,3)
```

运行结果：

p = 0.0912 　 -0.8596 　 1.8527 　 -0.1649

以上求得了 3 次拟合多项式 $p(x)$ 的系数，得到

$$p(x) = 0.091\,2x^3 - 0.859\,6x^2 + 1.852\,7x - 0.164\,9$$

下面利用绘图的方法将多项式 $p(x)$ 和 $\sin x$ 进行比较，继续执行下列命令：

```
>> X=linspace(0,2*pi,20);
>> Y=sin(X);
>> Y1=polyval(p,X);
>> plot(X,Y,':o',X,Y1,'-*')
```

绘出 $\sin x$ 和多项式 $p(x)$ 在给定区间的函数曲线，如图 8.2 所示，其中虚线是 $\sin x$，实线是 $p(x)$。

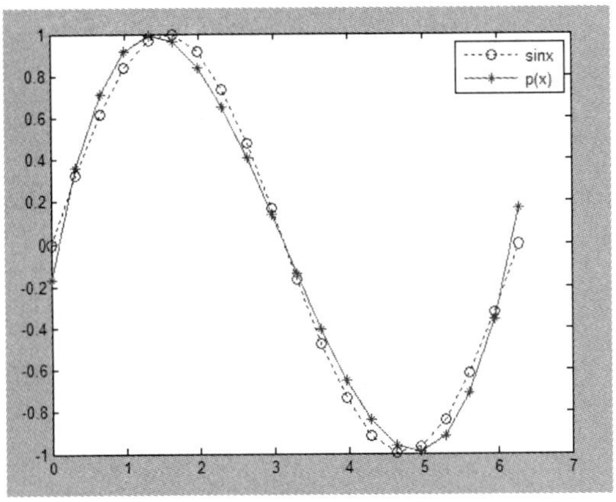

图 8.2

例 8.1.3　对 $[0, \pi/2]$ 上的函数 $5\sin x-\cos x+x$ 用 9 阶多项式进行曲线拟合，并作图。

程序：

```
>> x0=0:0.1:2*pi;
>> y0=5*sin(x0)-cos(x0)+x0;
>> a=polyfit(x0,y0,9)
```

运行结果：

a =　-0.0000　0.0003　-0.0034　0.0110　0.0175　-0.0037　-0.8686　0.5175　5.9962　-0.9998

作图程序：

```
>> x1=0:0.1:2*pi;
>> y1=5*sin(x1)-cos(x1)+x1;
>> y2=polyval(a,x1);
>> plot(x1,y2,'-.c',x1,y1,'-md',x0,y0,'k--')
```

运行结果如图 8-3 所示。

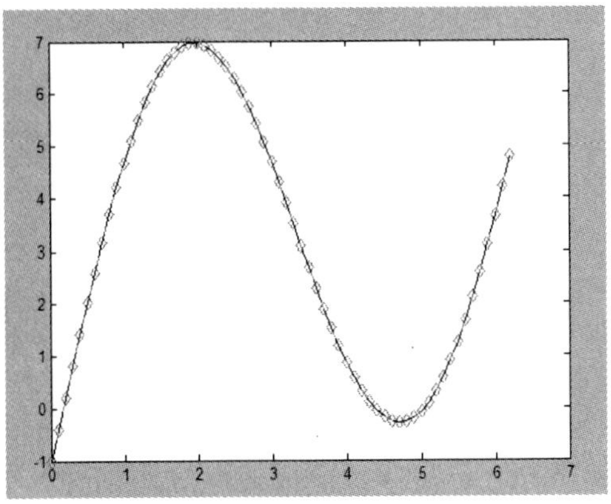

图 8.3

8.4.2 动手提高

实验一 对 $[0,20\pi]$ 上的函数 $\sin(\tan x)-\cos(\tan x)+x^{20}+e^{-2x^3}$ 用 12 阶多项式进行曲线拟合。

实验二 用四次多项式拟合如表 8-2 所示的实际测量数据，

表 8-2

x	12	23	35	46	56	67
y	34	345	3443	45 678	353 452	242 453

并利用拟合多项式预测 $x=85$ 时的值。

实验三 对于函数 $f(x)=e^x$，在 $[-1,1]$ 上以 Legendre 多项式为基函数，对 $n=2,3,\cdots,10$ 构造最佳平方逼近多项式 $p_n(x)$。

8.5 大数学家——华罗庚

华罗庚，数学家，中国科学院院士，美国国家科学院外籍院士，第三世界科学院院士，德国巴伐利亚科学院院士。1910 年出生于江苏常州，卒于 1985 年。他是中国解析数论、矩阵几何学、典型群、自守函数论与多元复变函数论等多方面研究的创始人和开拓者，并被列为芝加哥科学技术博物馆中当今世界 88 位数学伟人之一。国际上以华氏命名的数学科研成果有“华氏定理”、“华氏不等式”、“华-王方法”等。

华罗庚的父亲华瑞栋，开小杂货铺，母亲是一位贤惠的家庭妇女。华老 40 岁得子，给孩儿起名华罗庚。这“罗”者，即“箩”也，象征“家有余粮”，又合金坛俗话“箩里坐笆斗——笃定”的意思。“庚”与“根”音相谐，有“同庚百岁”的意味，也同时表示着“华家从此有根”的意思。夫人吴筱元 18 岁嫁给华罗庚，婚后不到几个月，华罗庚染上了瘟疫，经悉心照料得以挽回性命，却落下左腿终身残疾。华罗庚在清华执教期间，为了照顾年迈多病的公公，吴筱元留在家乡，挑起家务担子。在以后的日子里，她不仅操持家务，还帮华罗庚抄写论文和书信，接待客人。几十年来，吴筱元在华罗庚的生活和事业上起着重要的作用。

华罗庚早年的研究领域是解析数论，他在解析数论方面的成就尤其广为人知，国际间颇具盛名的“中国解析数论学派”即华罗庚开创的学派，该学派对于质数分布问题与哥德巴赫猜想做出了许多重大贡献。华罗庚也是中国解析数论、矩阵几何学、典型群、自守函数论等多方面研究的创始人和开拓者。华罗庚在复变函数论以及典型群方面的研究领先西方数学界 10 多年，是国际上有名的“典型群中国学派”。开创中国数学学派，并带领达到世界一流水平。培养出众多优秀青年，如王元、陈景润、万哲先、陆启铿、龚升等。在国际上以华氏命名的数学科研成果就有“华氏定理”“怀依-华不等式”“华氏不等式”“普劳威尔-加当华定理”“华氏算子”“华-王方法”等。20 世纪 40 年代，华罗庚解决了高斯完整三角和的估计这一历史难题，得到了最佳误差阶估计。对哈代与李特尔伍德关于华林问题及赖特关于塔里问题的结果作了重大的改进，三角和研究成果被国际数学界称为“华氏定理”。在代数方面，证明了历史长久遗留的一维射影几何的基本定理。简单而直接的证明了体的正规子体一定包含在它的中心之中这个结果，被称为嘉当-布饶尔-华定理。与王元教授在近代数论方法应用研究方面合作获重要成果，被称为“华-王方法”。华罗庚为中国数学发展作出的贡献，被誉为“中国现代数学之父”，“中国数学之神”，“人民数学家”，是在国际上享有盛誉的数学大师，他的名字在美国施密斯松尼博物馆与芝加哥科技博物馆等著名博物馆中，与少数经典数学家列在一起，被列为“芝加哥科学技术博物馆中当今世界 88 位数学伟人之一”。1948 年当选为中央研究院院士。1955 年被选聘为中国科学院学部委员（院士）。1982 年当选为美国科学院外籍院士。1983 年被选聘为第三世界科学院院士。1985 年当选为德国巴伐利亚科学院院士。被授予法国南锡大学、香港中文大学与美国伊利诺伊大学荣誉博士。

参考文献

[1] 黄云清，舒适，陈艳萍，等. 数值计算方法[M]. 北京：科学出版社，2009.

[2] 冯天祥. 数值计算方法理论与实践研究[M]. 成都：西南交通大学出版社，2005.

[3] 陈艳萍，鲁祖亮，刘利斌. 偏微分方程数值解[M]. 北京：科学出版社，2015.

[4] 李庆扬. 科学计算方法基础[M]. 北京：清华大学出版社，2006.

[5] 谢冬秀，左军. 数值计算方法与实验[M]. 北京：国防工业出版社，2014.

[6] 冯康等. 数值计算方法[M]. 北京：国防工业出版社，1978.

[7] 傅凯新，黄云清，舒适，等. 数值计算方法[M]. 长沙：湖南科学技术出版社，2002.

[8] 令锋，付守忠，陈树敏，等. 数值计算方法[M]. 北京：国防工业出版社，2015.

[9] 李庆阳，王能超，易大义. 数值分析[M]. 北京：清华大学出版社，2008.